住宅精细化设计指南

陈盛君 著

江苏凤凰科学技术出版社 · 南京

图书在版编目（CIP）数据

住宅精细化设计指南 / 陈盛君著. -- 南京 : 江苏凤凰科学技术出版社, 2025. 6. -- ISBN 978-7-5713-5309-4

Ⅰ. TU241-62

中国国家版本馆CIP数据核字第2025WP4999号

住宅精细化设计指南

著　　者	陈盛君
项目策划	凤凰空间/周明艳
责任编辑	赵　研
责任设计编辑	蒋佳佳
特约编辑	周明艳
出版发行	江苏凤凰科学技术出版社
出版社地址	南京市湖南路1号A楼，邮编：210009
出版社网址	http：//www.pspress.cn
总　经　销	天津凤凰空间文化传媒有限公司
总经销网址	http：//www.ifengspace.cn
印　　刷	北京博海升彩色印刷有限公司
开　　本	710mm×1 000 mm　1 / 16
印　　张	9
字　　数	158 000
版　　次	2025年6月第1版
印　　次	2025年6月第1次印刷
标准书号	ISBN　978-7-5713-5309-4
定　　价	68.00元

前言

住宅不仅是人们栖身的地方，更是承载生活、情感、文化与社会发展的重要载体。随着城市化进程的加快与居民生活方式的多样化，住宅的设计不再仅关注“住”的功能，更开始思考“住”的品质，它包括环境的舒适度及其与人类情感、生活习惯及未来社会变迁的契合度。因此，住宅的“精细化”设计变得尤为重要，它不仅关乎空间的合理布局，还关乎人居环境的整体提升。如何通过设计构建人与环境、人与人之间的和谐关系，已经成为当代住宅设计不可回避的课题。

在科技日新月异、社会关系日趋复杂、生活节奏日益加快的当下，人们对居住空间的要求不断提升，希望它既能满足个人与家庭在精神、文化与生活质量上的需求，又具有可持续性、适应性和包容性，能够应对未来可能出现的生活方式的改变。

在这本《住宅精细化设计指南》中，我力图从多个维度探讨住宅设计的核心问题。希望通过系统思考，向广大设计师、建筑师以及对住宅设计有兴趣的读者传达较为全面的设计知识和理念。与此同时，现代科技的发展，尤其是信息技术、智能家居、环保技术等领域的快速进步，使得住宅设计的内涵和外延发生了根本变化，住宅的设计理念已经从“功能性”转向了“智能化”和“可持续性”，从单纯的生活需求转向更加全面、更加精细的生活体验发展。

然而，这种转变并不是一蹴而就的，现代科技与传统住宅需求之间，时常呈现出某种碰撞与冲突。比如，智能控制、环保材料等尽管在提升居住质量上具有巨大的潜力，但是在具体实施过程中，往往会面临设计理念与技术可行性之间的矛盾，甚至可能影响居住者的日常使用体验。因此，如何协调传统需求与现代科技的双重性，实现住宅精细化设计，如何在确保生活品质的同时引入智能与环保的元素，成为当代住宅设计师必须思考的重要议题。

《住宅精细化设计指南》正是基于这样的社会背景与设计需求应运而生的。本书不仅关注如何精细化设计传统住宅中的空间布局、功能规划等问题，还进一步探讨了如何将现代科技与创新理念融入住宅设计中，以更全的视角、更深的思考回应当代社会多变的居住需求。

本书的目的，是希望通过对住宅精细化设计理念的全面探讨，帮助读者理解如何利用先进的科技手段与精湛的设计技巧，为每一处住宅赋予新的生命。我们所追求的不只是一处简单的生活居所，更是一个能够满足个体多元需求、提升生活品质并反映社会进步的理想空间。

希望本书能够为广大设计师、建筑师以及对住宅设计感兴趣的读者提供有价值的指导与启示，携手共同推动住宅设计走向更加精细化、智能化与人性化的未来。

陈盛君

2025 年 5 月于深圳

目录

1

第 1 部分

住宅设计要点及痛点..7

第 1 章　我国城市住宅设计要点分析........................8

第 1 节　我国城市住宅的种类概括..........................9

第 2 节　我国常见的商品住宅套型介绍......................10

第 3 节　我国当前商品住宅套型存在的问题..................13

第 2 章　现代住宅设计的痛点探究..........................14

第 1 节　人口结构的变化..................................14

第 2 节　居住需求的改变..................................15

第 3 节　人性化、通用化、可持续性的要求..................16

2

第 2 部分

精细化设计技巧和指南....................................17

第 3 章　优化空间规划与布局..............................18

第 1 节　空间分区与功能划分..............................18

第 2 节　生活动线设计....................................22

第 3 节　户型优化案例....................................26

第 4 章　住宅空间的精细化设计 29
第 1 节　入户和门厅 29
第 2 节　厨房 51
第 3 节　客餐厅 64
第 4 节　卫生间 77
第 5 节　卧室 92
第 6 节　阳台 101
第 5 章　优秀案例展示与分析 112
案例 1　100 m^2 双面居所 112
案例 2　61 m^2 聚气小宅 121
案例 3　时代云来样板间 129

3
第 3 部分
科技助力住宅空间精细化的探讨 135
第 6 章　科技与住宅设计结合的分析 136
第 1 节　科技融合住宅设计的趋势 136
第 2 节　生活场景的畅想 141

后记 144

1

| 第 1 部分 |

住宅设计要点及痛点

第 1 章　我国城市住宅设计要点分析

受经济、文化、地理等因素的影响，中国的城市住宅设计在不同城市和地区间存在着一定的差异，同时，随着城市化和社会经济的发展，城市住宅设计也在不断演变和更新。

总的来说，中国的城市住宅设计呈现以下几个主要特点：

高度密集的城市规划：由于中国城市化进程迅速，为了可以最大限度地利用有限的土地资源，许多城市采取了高度密集的规划模式，因此，许多住宅区都采用多层建筑或高层建筑的形式。

小户型和公寓化：随着城市人口的增加、土地资源的稀缺、城市化进程的加速以及人们对便利性和社区设施需求的增加，小户型住宅和公寓成为主流趋势。

绿色建筑：近年来，政府和业界一直在推动绿色建筑和可持续发展理念，城市住宅设计也越来越注重节能、环保和资源利用率等方面，包括使用环保材料、采用节能设备、设计绿色景观等举措。

宜居性：随着人们生活水平的提高，以及对居住环境的要求提升，城市住宅设计更加注重居住的舒适性、便利性和安全性，这包括设计更多的休闲设施、社区服务设施，以及加强社区安全管理等方面。

智能化：随着科技水平的提升，智能化已经成为城市住宅设计的一个方面，智能家居系统、智能安全系统、智能节能设备等成为城市住宅设计的一部分，为居民提供更加便捷、舒适的居住体验。

接下来，从 3 个方面浅析我国城市住宅的设计现状问题。

第 1 节　我国城市住宅的种类概括

中国城市住宅种类多种多样，可以根据不同的标准进行分类。表 1-1 是对一些常见的城市住宅类型的概括。

表 1-1　城市住宅常见种类

项目	种类	图示
别墅	独栋别墅	
	联排别墅	
	双拼别墅	
	叠拼别墅	
商品住宅	普通住宅	
	公寓	
	商业住宅	

总体而言，我国城市住宅种类丰富多样，满足了不同群体居民的不同需求，同时随着城市发展和政策变化，住宅种类和市场也在不断演变。

第 2 节 我国常见的商品住宅套型介绍

在我国，商品住宅的套型多种多样。不同的房地产项目和地区会提供不同的户型选择，通常根据居住需求和城市特征来设计，以下是一些常见的商品住宅套型。

一居室：通常包括一个卧室、一个卫生间、一个客餐厅和一个厨房，适合单身人士、新婚夫妇或人口少的小家庭，如图 1-1 所示。

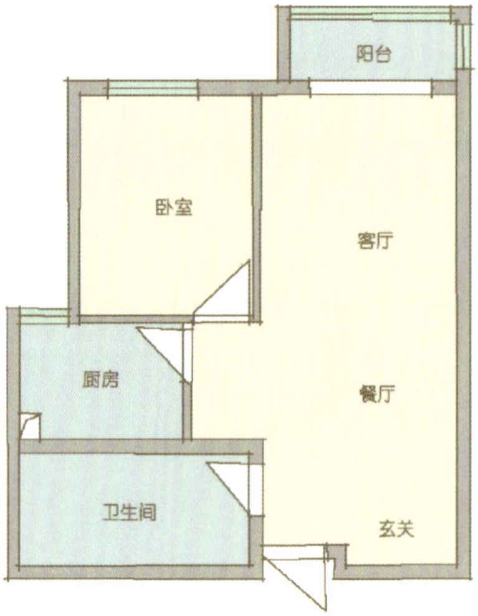

图 1-1　一居室户型

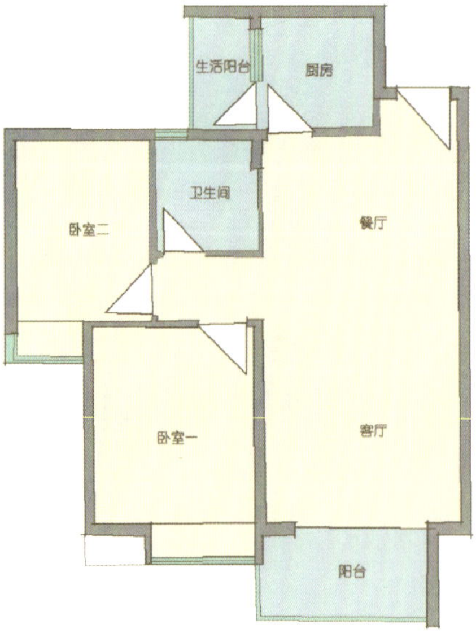

图 1-2　两居室户型

两居室：包括两个卧室、一个或两个卫生间、一个客餐厅和一个厨房，适合小家庭或有私人空间需求的居住者，如图 1-2 所示。

三居室：通常包括三个卧室、两个或三个卫生间、一个客餐厅和一个厨房，适合中等大小的家庭，可提供更多的卧室用来居住，空间布局更加灵活，如图 1-3 所示。

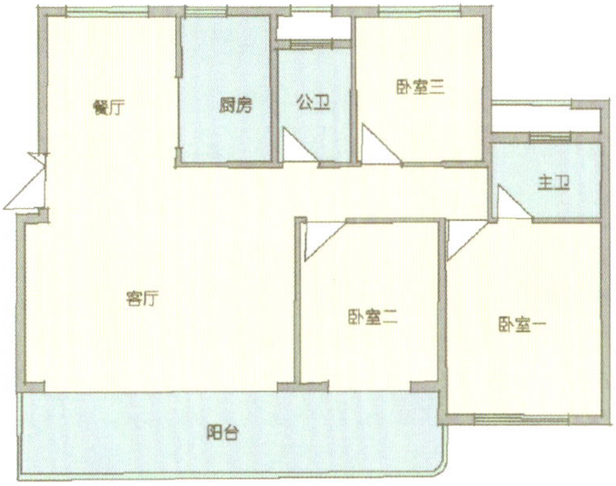

图 1-3 三居室户型

四居室：包括四个或更多的卧室、多个卫生间、客厅、餐厅和厨房，适合大家庭，可提供更多的居住空间和私密性，如图 1-4 所示。

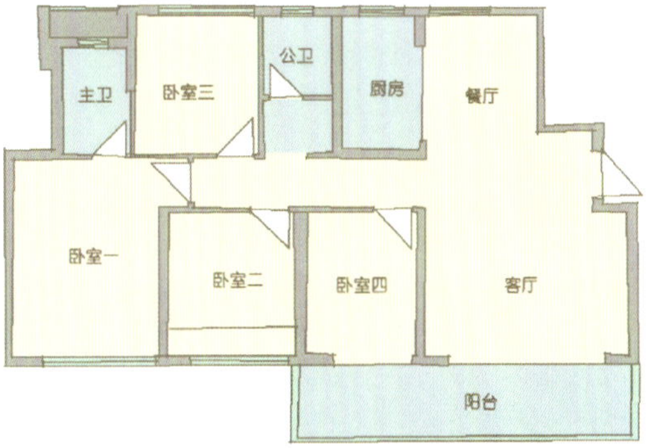

图 1-4 四居室户型

公寓：提供独立的卫生间、小厨房和起居区，适合单身人士或短期居住者，如图 1-5、图 1-6 所示。

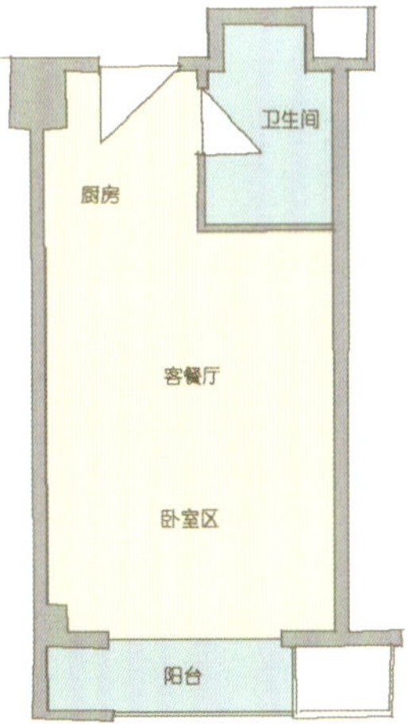

图 1-5 单身公寓户型

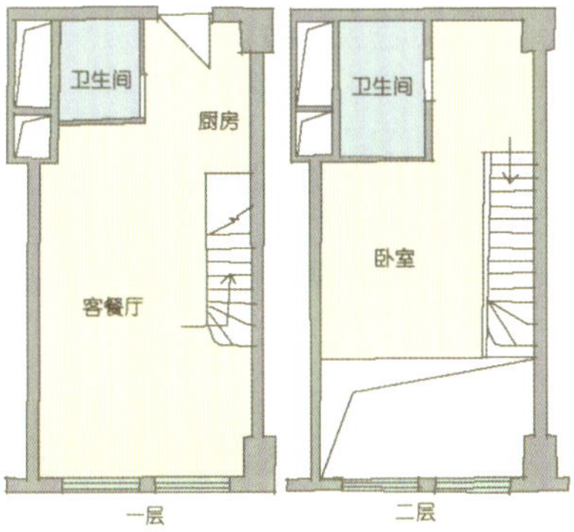

图 1-6 复式公寓户型

跃层：联通上下两层，使得居住空间更具层次感和互动性，常见于高层建筑的顶层，为居住者提供更多的使用空间，如图 1-7 所示。

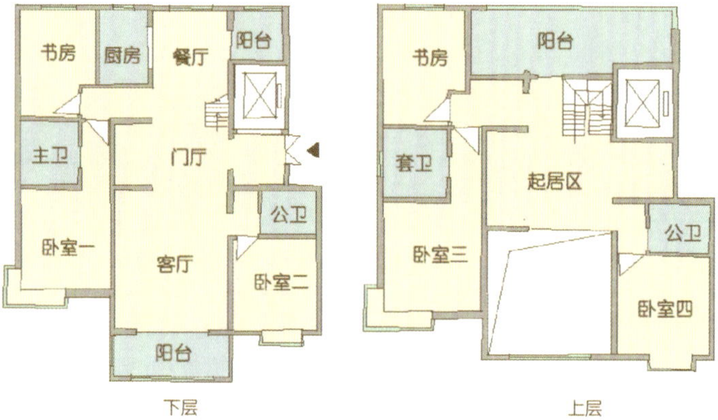

图 1-7　跃层户型

别墅：独立式、联排式或叠拼式，通常拥有独立的院落和多个卧室，可以满足更多居住需求，如图 1-8 所示。

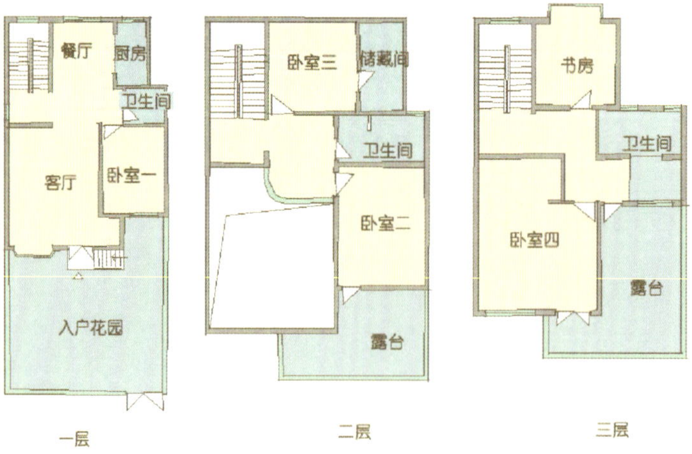

图 1-8　别墅户型

第 3 节　我国当前商品住宅套型存在的问题

当前商品住宅套型有很多，存在一些较为典型的问题，包括设计规划、可持续性和社会需求等方面，这些问题影响着居住者的生活品质、社区环境和房地产市场的发展。以下列举了一些典型问题：

① 户型紧凑，空间利用率不足： 一些商品住宅的套型设计中，由于大多数开发商追求居住单元数量，因此导致房屋空间分配紧凑，通常主卧、次卧空间较小，公共区域相对局促，影响住户的生活质量。

② 缺乏创新和个性化设计： 许多商品住宅项目套型相对传统，缺乏创新和个性化的设计元素。这导致市场上出现单一化的住宅选择，无法满足不同人群的多样化需求。

③ 缺乏可变性： 很多商品住宅的套型设计固定，内部空间缺乏灵活性和可变性，难以满足不同阶段的生活需求。

④ 功能性不足： 一些套型在使用功能方面存在问题，例如缺少足够的储物空间、工作区域或多功能区域，这会影响生活的舒适度和便利性。

⑤ 采光和通风问题： 由于建筑密度的增加，一些商品住宅面临采光和通风不足的问题。这会导致房屋在夏季变得炎热，同时在冬季缺少阳光。

⑥ 隐私保护不充分：房间隔声效果不佳，容易产生噪声干扰；部分套型设计中，卧室窗户直对邻居或公共区域，难以保护居住者的隐私。

⑦ 可持续性考虑不足： 随着可持续发展的理念日益受到重视，一些商品住宅套型缺乏环保和节能设计，未充分考虑资源利用和环境影响问题。

⑧ 缺乏自然元素和休闲空间： 部分商品住宅项目在规划中未充分考虑自然元素和休闲空间，导致居住环境缺乏氛围感，舒适性欠佳，居住者的休闲娱乐空间也受到限制。

第 2 章 现代住宅设计的痛点探究

第 1 节 人口结构的变化

人口结构的变化对现代住宅设计提出了一系列新的需求和挑战，以下是影响现代住宅设计的几个关键因素分析：

二孩和三孩家庭渐增：随着生育政策的优化，二孩和三孩的出生，很多家庭的居住需求和生活方式也发生了较大的变化，这就需要住宅设计做相应的调整和改善。

多样化的家庭结构：随着家庭结构的多样化，现代住宅需要提供适应单身人士、夫妻两人、多代同堂、居家养老、独居老人等各种家庭形式的灵活设计，这就需要考虑更加多变的空间布局以及符合不同年龄阶段居住的精细化设计等。

老龄化社会的到来： 随着人口老龄化趋势的发展，住宅设计需要考虑老年人的特殊需求，包括无障碍设计、便捷的居住环境和易于维护的结构等。

单身人士和小家庭增多：由于不婚现象或丁克家庭日益增多，导致家庭规模日趋小型化， 越来越多的人选择独居或组建小家庭，这对住宅设计提出了小户型、多功能空间和灵活布局的需求。

人口、人才向城市群、都市圈集聚：在少子老龄化的背景下，人口和人才的集聚会促使未来房地产市场向大都市圈、大城市群逐渐集中，住宅设计也需要做相应的调整。

综上，人口结构的变化促使现代住宅设计更加注重个体差异化、社会多样性和可持续性发展，设计师需要考虑不同群体的需求，以创造更具包容性和适应性的居住环境。

第 2 节　居住需求的改变

居住需求的改变对现代住宅设计提出了一系列新的需求，反映了居民对更加舒适、便利、智能化和可持续性的居住环境的追求，以下是这些变化对住宅设计的主要影响：

多功能性和灵活性： 居住需求的变化要求住宅设计功能更多，灵活性更强，以适应不同的生活方式。设计师需要考虑如何最大限度地利用空间，使其适用于不同的功能需求，例如工作、娱乐和休息。

远程工作和学习： 近年来，随着远程工作和学习的趋势增加，居民对于能够支持这些功能的住宅设计有了更高的需求。住宅设计需要考虑具有办公空间、良好隔声、高速互联网等因素。

智能家居技术： 人们对智能家居技术的需求不断增加，住宅设计需要整合智能照明、智能温控、智能安防等系统，以便提供更智能化、更便捷的居住体验。

社交化设计： 居民希望能够与邻里更好地互动，因此现代住宅设计需要包括共享空间、社区活动区域和公共设施，以促进社交。

环保和可持续性： 居民对环保和可持续性的关注增多，住宅设计大多采用绿色建筑理念，包括使用环保材料、能源效益设计和可再生能源的整合。

健康和舒适： 住宅设计过程中，要更多关注室内空气质量、自然采光、健康材料的选择等，以提供更健康、更舒适的居住环境。

经济适用： 随着房价上涨，市场对经济适用房的需求也在增加。住宅设计需要提供更多价格适中、功能实用的住房，以满足社会层面广泛的住房需求。

安全和隐私： 居住者对于安全和隐私的要求越来越高，住宅设计需要考虑安全系统、隐私保护等方面，确保居住者的安全。

综上，居住需求的改变推动了现代住宅设计向智能、灵活、社交化、可持续性和健康的方向发展。设计师需要更加关注居民的个性化需求，创造适应性更强和更宜居的住宅空间。

第 3 节 人性化、通用化、可持续性的要求

人性化、通用化和可持续性的要求对现代住宅设计产生了一系列深远的影响，它推动设计师在设计居住环境时更加关注住宅的舒适性、多样性、功能性、可访问性和环保性等，主要包括以下几方面内容：

人性化：人性化设计考虑人的行为、感知和情感，致力于创造舒适、宜居的居住环境。这种设计关注人们的日常生活和活动习惯，包括活动空间的布局、家具的摆放、室内的光照和通风等。设计时应注重提升居住者的生活品质，使他们在家中能够感到安全、舒适和愉悦。

通用化：通用化设计考虑各种人群的需求和实际情况，不论是年轻人、老年人、残障人士还是儿童等，都能够轻松使用并享受居家时光。这种设计包括无障碍设计、设备和家具的可调节性、室内空间的灵活性、便捷的动线、合理的人体工程学设计等，旨在创造一个开放、包容的居住环境，使所有居住者都能获得便利的生活。

可持续性：可持续性设计考虑对环境的影响，致力于减少资源消耗、降低能源使用、减少废物排放等。这种设计包括使用可再生和环保的材料、优化建筑结构以提高能源效率、采用节水和节能设备、整合可再生能源等。

可持续性设计还涉及社区规划、交通便利、减少城市扩张和土地利用等方面的考虑，这些要求对现代住宅设计产生了积极的影响。

综上，人性化设计使得住宅更加贴近人们的生活需求，提高了生活品质和幸福感；通用化设计让住宅更具包容性，能够满足不同群体的需求，提升了社会的包容性和公平性；可持续性设计促进了环境保护和资源节约，有助于建设更健康、更绿色的城市环境，为后代留下更美好的地球。

人性化、通用化和可持续性的要求是现代住宅设计的重要方向，体现了对人类社会和自然环境的尊重和关爱。

2

| 第 2 部分 |

精细化设计技巧和指南

第 3 章 优化空间规划与布局

第 1 节 空间分区与功能划分

1. 空间主要有哪些功能区？各功能区有何特点和联系？

一般来说，一个空间主要有以下功能区：门厅区、起居区、餐厨区、家政区、卧室区、工作阅览区、阳台休闲区、卫浴区、收纳区。

① 门厅区兼具过渡空间和服务居住者的作用，作为室内外的连接，是居住者在日常归家和离家时实现换衣换鞋、临时置物、收纳储物、入户消洗、整理仪表等功能的空间。门厅空间也给室内外形成一定的缓冲作用，让洁污分区自然过渡，开放感与私密感自然变换。

② 起居区通常指客厅、开放式茶室、休闲互动区等区域，是家人进行互动交流、休闲娱乐的区域，其空间格局相对开放宽敞，以满足一家人日常起居所需。

③ 餐厨区包括餐厅和厨房，通常具有较强的联系性，空间位置相邻或相近。餐厅区域一般与起居区结合起来，相对来说较为开放；厨房区域一般分为中厨和西厨，操作时会产生油烟和水汽，通常不与开放区结合，特别是中厨，从而避免油烟和水汽对其他空间的干扰。

④ 家政区通常具备洗衣、晾晒、熨烫以及储藏清洁用具和用品的功能，一般处于空间中半室外的位置，最好能有一定的光照和气流入内。

⑤ 卧室区相对来说较为私密和安静，兼备睡眠、阅览、收纳等功能，套卧往往还有独立的卫浴空间和衣帽间等配置。

⑥ 工作阅览区通常指书房或者多功能房等独立的空间，若无独立的工作区，则通常结合起居区和卧室区进行设置。

⑦ 阳台休闲区通常处于空间中半室外的位置，可以和外界产生直接的交流，一般结合家庭绿化、花草养护、宠物空间、日常休闲、观景赏景等功能进行设计。

⑧ 卫浴区需要满足日常洗澡如厕、洗漱更衣等功能，空间往往较小，通常会产生水汽，需要有良好的采光和通风条件。

⑨ 收纳区主要收纳日常用品和换季用品，其形式多种多样，可以是一个独立的空间，也可以是一些成品收纳柜等。

门厅区除了服务于日常的归家和离家场景，其范围通常辐射起居区和餐厨区，因为起居区与餐厨区属于“动”区和公区，通常离门厅较近。家政区与收纳区、阳台区通常存在一定的共性，有时候可以互相结合，距公共区域较近。卧室区与工作阅览区属于“静”区，通常布置在空间的最里侧，相互服务灵活变动。

2. 空间尺度分析：每个空间需要怎样的尺度要求？

门厅区最应考虑的是放置鞋柜和坐凳，方便居住者归家和离家时进行脱鞋、穿鞋、放鞋、拿鞋等一系列的活动，除此之外，如果空间条件允许，就可以将收纳功能设置在门厅处。以较为常见的两种门厅形式为例，其空间尺度分析如图 3-1 所示。在规划空间时，需要根据实际空间情况，预留充足的过道尺度，再去规划功能条件，使每个功能都能达到最优化、最适合的空间分配。

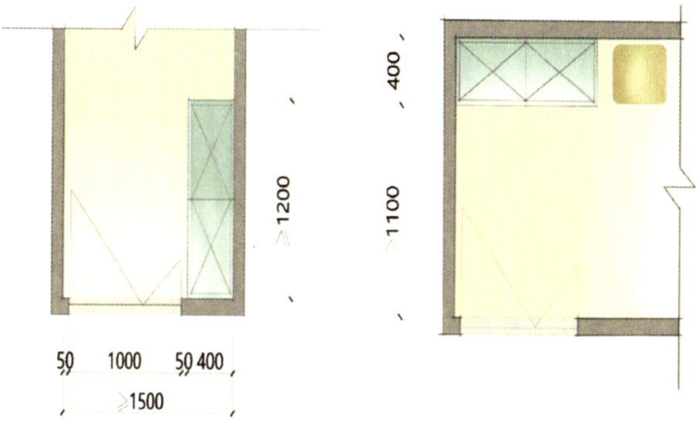

图 3-1　常规门厅区尺度分析

注：本书图中尺寸除注明外，单位均为毫米（mm）。

起居区包含多种功能，其中较为基本的是会客功能，这个区域还可供居家欢聚、互动交流所用。如图 3-2 所示，以常规的两种客厅形式为例，对其空间尺度做了相应分析。

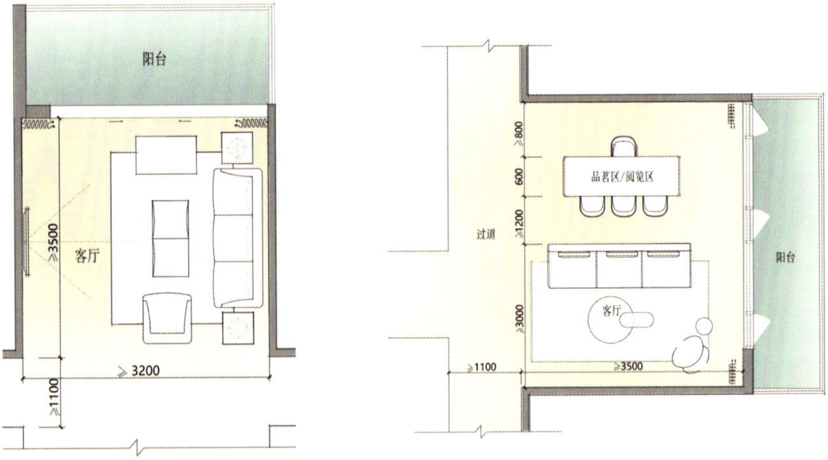

图 3-2　常规客厅尺度分析

餐厨区的餐厅和厨房往往相邻设置，通常设在空间的近入口处。餐厅区域又通常与起居区相关联，形成一种互动空间。在空间条件允许的情况下，还可以根据餐厅空间设置西厨区。如图 3-3、图 3-4 所示，分别是餐厅和厨房区域的空间尺度分析。

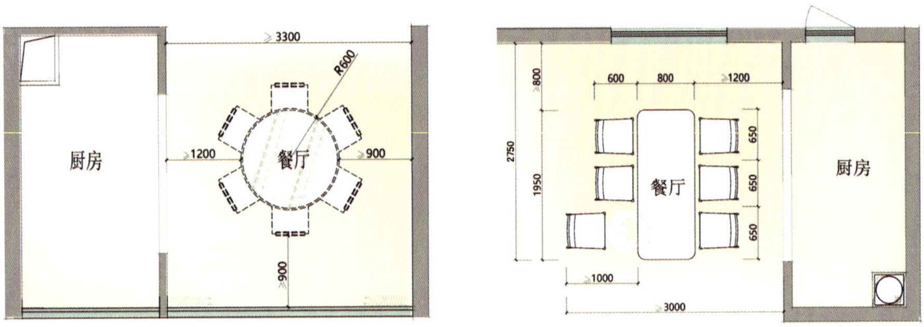

图 3-3　常规餐厅尺度分析

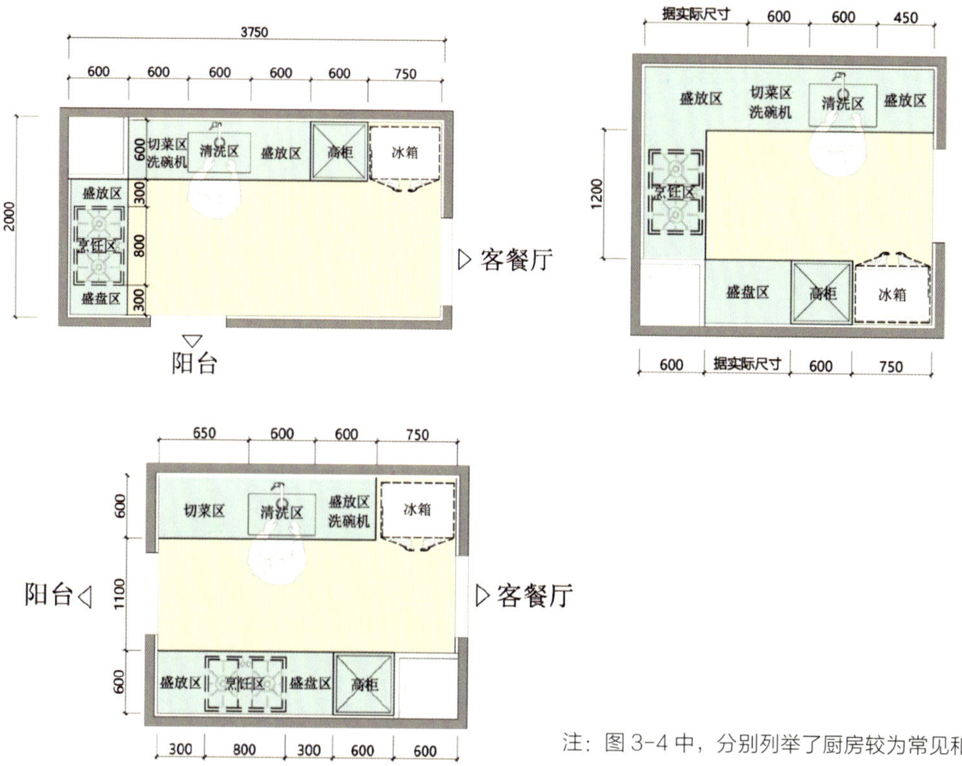

图 3-4　常规厨房尺度分析

注：图 3-4 中，分别列举了厨房较为常见和极限的操作尺度，在实际设计中，需要根据不同户型的情况做相应的调整。

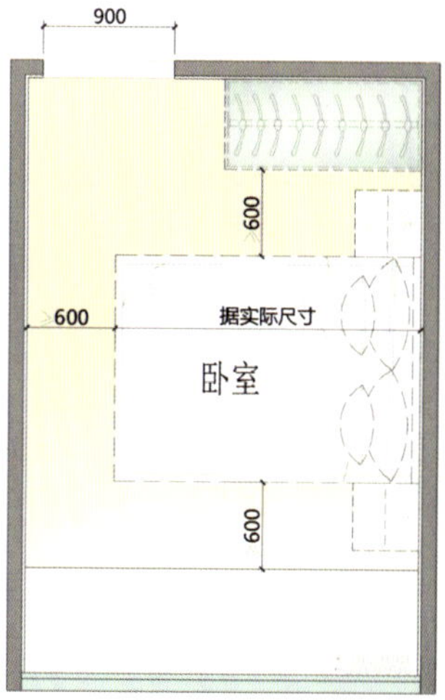

图 3-5　常规卧室尺度分析

卧室包含了睡眠、储物、休闲等功能，如图 3-5 所示，以最常规的卧室户型为例，对其空间尺度做了相应分析。

常规卫浴空间一般包含三种功能，分别是盥洗、如厕和沐浴功能，如图 3-6 所示，是常规卫浴空间的尺度分析。

对于家政区、工作阅览区、阳台休闲区、收纳区等其他功能区，其布局和设计形式较为灵活，可以根据具体情况具体分析。

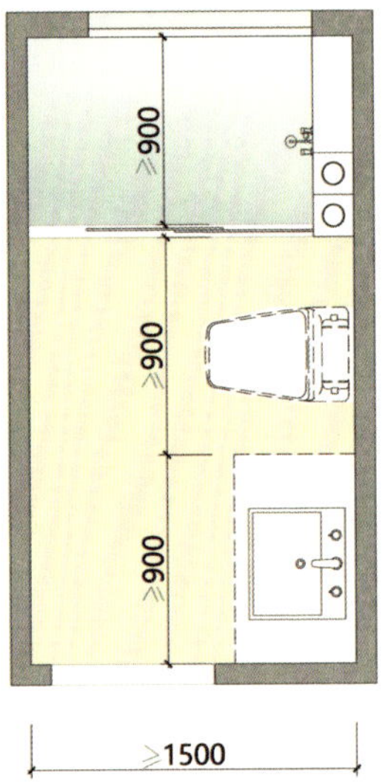

图 3-6 常规卫生间尺度分析

第 2 节 生活动线设计

生活动线设计一般围绕着日常生活起居以及每个家庭的实际生活情况展开，并将其融入空间布局、室内设计中去。

一般来说，日常生活动线包括归家动线、居家动线、家务动线、接物待客动线和离家动线。

1. 归家动线

归家动线需要考虑从电梯厅到家中的过程。归家的情况有很多种，包括下班归家、游玩归家、购物归家等。因此，在进行户型设计优化的时候，就需要考虑藏在归家动线内的功能需求，将其落实到空间设计中。图 3-7 是归家动线的一些设计要点分析。

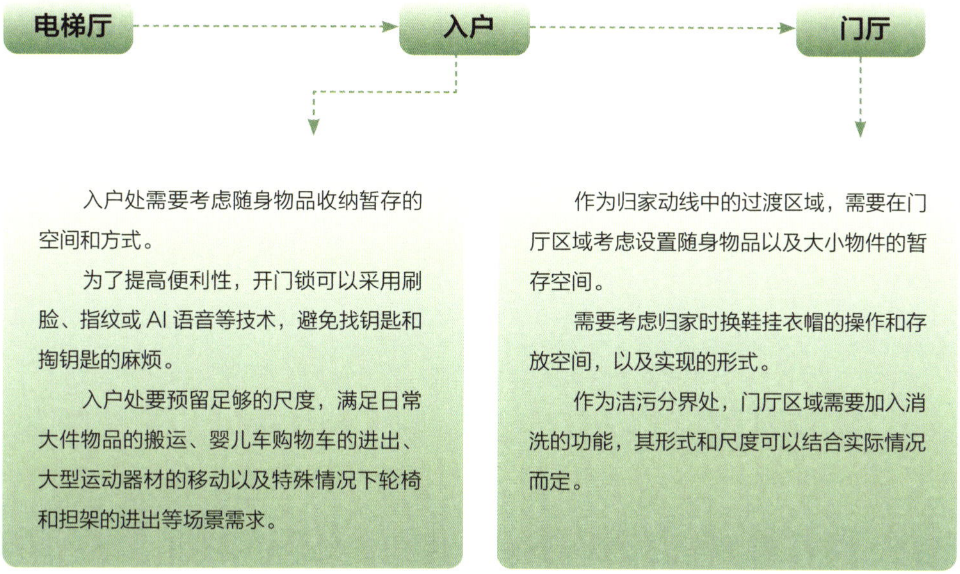

图 3-7　归家动线要点分析

2. 居家动线

居家动线需要结合日常居家的活动情况，为了尽可能提升居家生活的舒适性和便捷性，需要根据居家生活及动线，有针对性地对空间布局和室内设计做一定的优化，图 3-8 是居家动线图示。

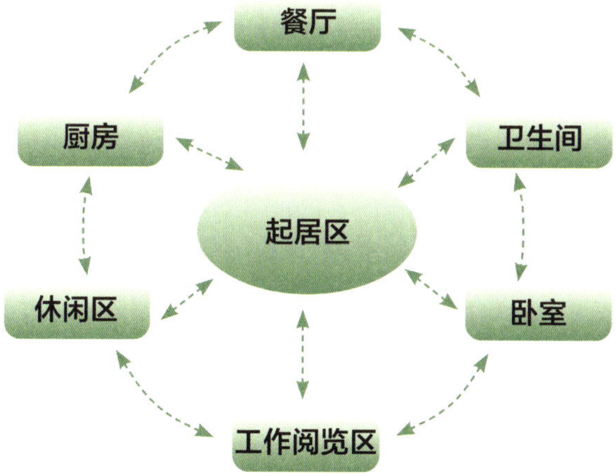

图 3-8　居家动线图示

（1）厨房

① 需考虑油烟、水汽、气味等对其他区域的干扰，采取相应的设计方案应对。

② 需考虑与其他区域的交流互动。

③ 厨房作为服务空间，需考虑其与餐厅、客厅的关系，提升便捷性和灵活性。

（2）餐厅

① 现代餐厅作为家庭欢聚互动的重要区域，除其本身的用餐功能外，还需考虑更多的辅助功能，并将相应设计方案考虑在内。

② 餐厅的形式应尽可能灵活，具有可变性。

（3）起居室

① 起居区需要考虑娱乐和互动功能。

② 起居区的设计应尽可能独立，适当规避较为固定的沙发、茶几、电视机三件套模式，探索更加灵活多元的形式。

③ 作为居家生活的中心区域，需把日常居家所需功能考虑在内。

（4）休闲区

休闲区往往可与起居区相结合，以便更好地利用空间，还可以连接阳台、走道等区域。

（5）工作阅览区

工作阅览区通常与其他公共区域相对独立，但如果将其作为多功能空间使用，也可以与起居区适当连接、共享。

（6）卫生间

公卫一般介于公共区域与私密空间之间，要考虑其“对外使用”的情况，因此对于收纳方式和分区布局形式要更加注重私密性与便捷性。

（7）卧室

卧室属于私密空间，一般位于户型内侧，要注重考虑其与卫浴空间、衣帽空间等空间的联系。

3. 家务动线

家务动线需要考虑日常打扫、洗衣、收纳等行为的条件，避免与其他动线相互干扰，从而提升生活的舒适度和便捷性，以下是家务动线的一些设计要点分析。

① 买菜购物回来，需要考虑物品如何放置，如何便捷地转移到冰箱和厨房中。

② 厨余垃圾和生活垃圾如何快速转移到垃圾回收点，需要考虑整个过程中垃圾暂放的问题。

③ 如何更方便地换洗衣物和晾晒衣物，还要考虑通风光照条件、考虑上水与下水的条件，并规避对其他区域的干扰和影响。

④ 考虑室内打扫问题，打扫工具的使用、拿取、清洗及安放，需提前预留空间位置和尺度，往往与生活阳台相结合。

⑤ 尽量设置杂物间或者杂物柜，可以收纳居家杂物，提升居家舒适性和整洁感。

4. 接物待客动线

接物待客一般是在家庭公共区域，往往涉及三个区域，分别是门厅区、起居区和卫生间，图 3-9 是接物待客动线的一些设计要点分析。

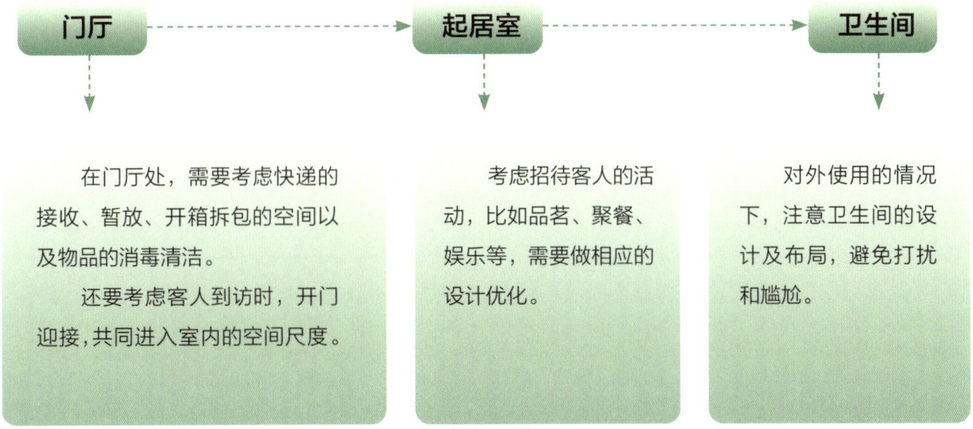

图 3-9　接物待客动线要点分析

5. 离家动线

离家动线一般需要考虑从室内到门厅再到室外的过程，主要关注整个过程是否顺畅，图 3-10 是离家动线的一些设计要点分析。

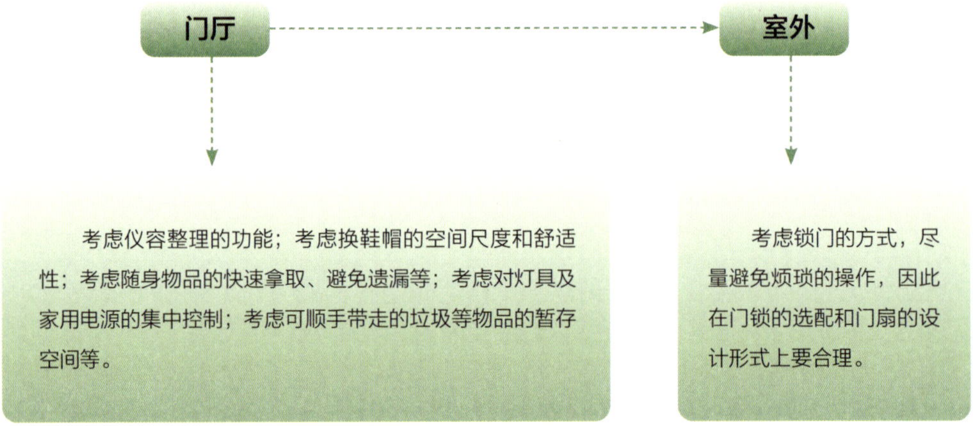

图 3-10 离家动线要点分析

第 3 节 户型优化案例

户型优化是指在住宅设计和装修过程中，通过科学合理的布局和设计，最大限度地提升空间的功能性和舒适性，其重要性体现在：**提高空间利用率，提升居住舒适度，提升房屋价值，满足不同家庭成员的需求，改善室内美观度，节约装修成本，促进环保和节能等。**

在此，选取一个常规的户型进行优化分析，图 3-11 为原始户型图，套内面积为 90 m^2，如图 3-11 所示，原功能分区较为紧凑，动线存在交叉干扰的情况。经过对整个户型进行分析和优化后，如图 3-12 所示，提高其舒适性和便捷性，并使空间价值大大提升。具体分析如下。

改造前

问题一：客餐厅开间受限

客餐厅呈一字形竖厅形式，开间较小，进深相对较大。虽可安排客餐厅功能，但区域之间缺乏交流互动性，形式较刻板，舒适度欠佳。

问题二：书房功能和形式较固定

对很多家庭来说，独立的书房并非必要，使用频率也不高。若将书房功能固化，则显得较为古板，也没有高效利用空间。

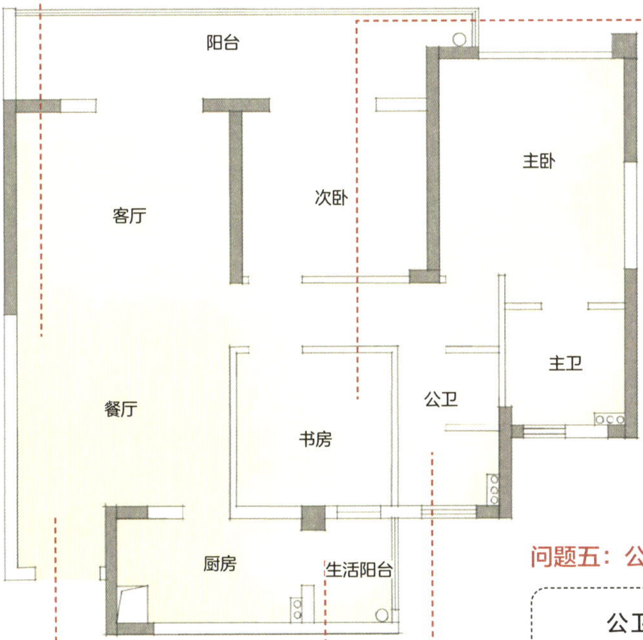

问题五：公卫分隔比例不当

公卫如果考虑干湿分离的形式，则尺度划分比例不准确，需要重新规划。

问题三：门厅空间较小

原门厅区域的空间较为局促，鞋帽收纳空间及尺度较小。

问题四：厨房局促、动线交叉

厨房空间本就较为局促，还是闭塞空间，且与生活阳台的动线存在交叉，两个区域互受干扰。

图 3-11　90 m^2 常规原始户型

改造后

破解一：提升空间价值

打破原本古板的布局思路，将客餐厅两个空间融合，形成一个开敞大气、互动性和交流性更强的起居空间，大大提升了户型的空间价值。

破解二：多功能空间灵活变通

将原本密闭的书房空间打开，与餐厅功能结合，形成一个多功能空间，既能作为家庭成员互动、欢聚的场所，又具有社交功能，而原本独立的书房也变成开放式的家庭图书馆和展示区，一举多得。

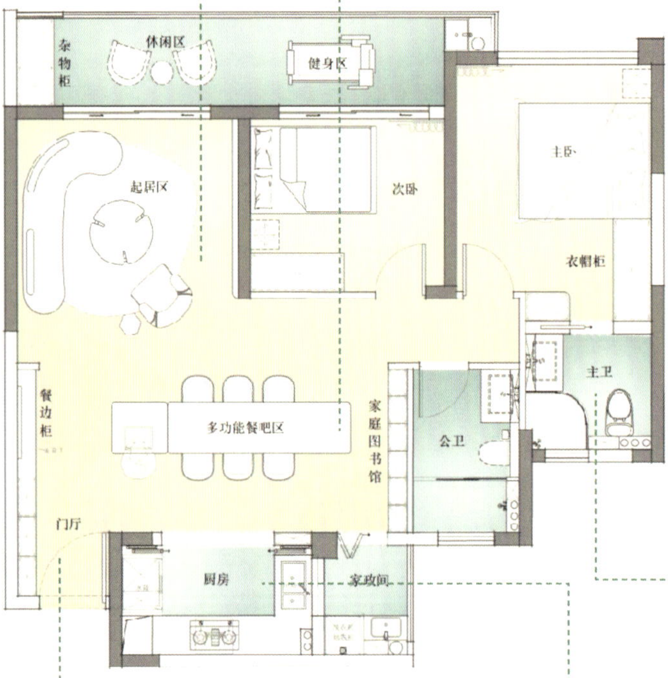

破解五：优化布局和尺度

对于只有两个卧室的小户型来说，主卧已经有了独立卫浴空间，无须再将公卫分区设置，可以选择不分区的做法，便于实现区域之间的空间互借，从而规避局促感。

破解三：延伸门厅功能，扩大空间感

借用过道的空间，将玄关柜延伸至餐边柜处，既整体又美观，同时，岛台区域的台盆还可以满足入户时消洗的功能需求。

破解四：优化动线和布局

将厨房和家政间独立开来，解决了动线干扰的问题，并将厨房空间打开，采用可收可放的轨道移动门，有利于日常居家的互动交流，空间更加开敞灵活。

图 3-12　90 m^2 常规户型优化

第 4 章 住宅空间的精细化设计

住宅空间精细化设计旨在通过细致入微的考虑和处理，为居住者提供一个更加满意、舒适，且满足个性化需求的居住空间。

在对空间进行设计优化时，需要考虑如何使空间满足家庭成员全生命周期的需求，除了满足常规使用需求，还要同时考虑适老适幼化功能，尽量贴合人们的居住愿景，打造出更具幸福感的家，以下是各个空间的设计要点。

第 1 节 入户和门厅

入户和门厅是家庭住宅设计中至关重要的部分，也是室内外的过渡区域。通过合理的设计和规划，入户和门厅不仅可以提升住宅的功能性和观赏性，还能为住户提供一个舒适、安全，且保证私密性的生活环境。

接下来，将从 7 个部分展开介绍此空间的精细化设计。

1. 功能和布局形式分析

（1）入户和门厅区域的功能分析

通常来说，入户和门厅的功能主要包括物品暂存、换衣换鞋、物品收纳、洁污分区和消洗功能等，每个功能模块既独立又相互联系，因此在设计的过程中，要合理利用空间，有效结合日常使用习惯，从而提升空间的价值。

● 物品暂存

入户和门厅需要设置物品暂存的区域，可以根据需要设置重力挂钩或者置物台，以便有适合的收纳空间和放置台面，用来放置包包、钥匙、帽子、雨伞、雨衣等随身物品，如图 4-1 所示。养宠物的家庭，如果有条件的话，则可以在门厅区域考虑设置宠物清洗和临时拴宠物的区域。

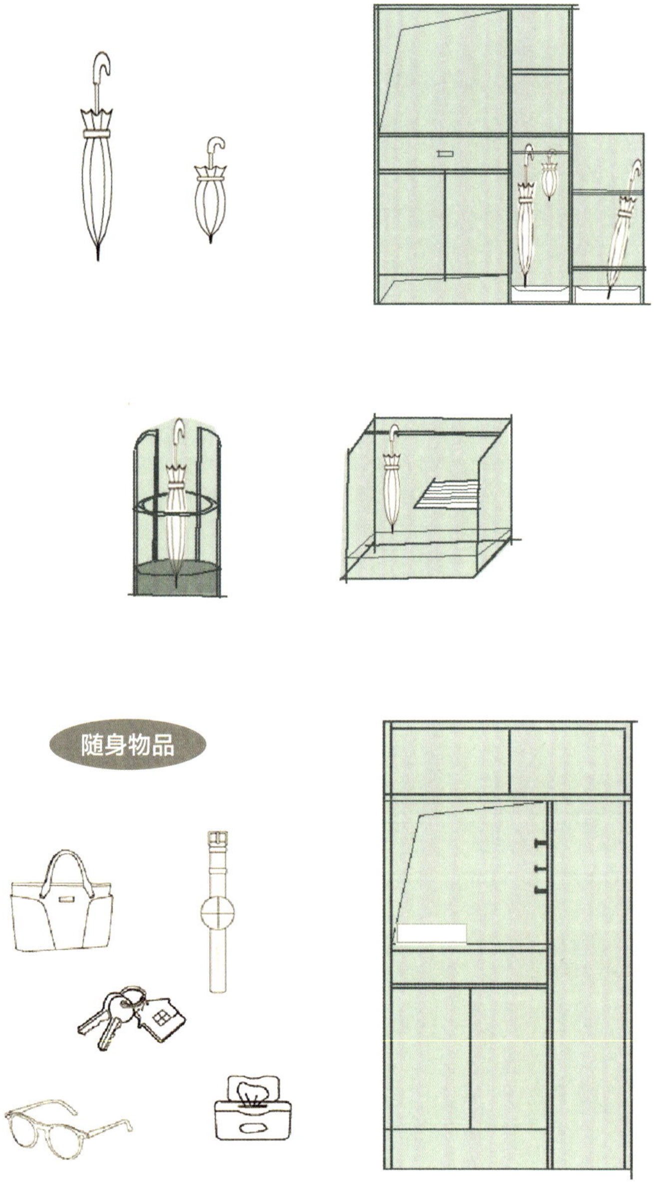

图 4-1　门厅暂存物品示意

● 换衣换鞋

如图 4-2 所示，门厅处可以根据户型条件进行设计和配置。空间尺度要满足多人同时换鞋、整理衣服的需求，预留好换衣服时的伸展空间，也要设置可存放衣帽和鞋子的空间。

图 4-2　衣帽存放示意

● 物品收纳

如图 4-3 所示，门厅处需要设置鞋子等物品的收纳空间。鞋柜的大小应该根据家庭成员穿鞋的数量、种类和尺码进行设计，并设有当季和换季鞋子的储存空间以及存放鞋油和其他小工具的空间。另外，还需要考虑放一些笔和纸，方便签收快件、抄表时使用。

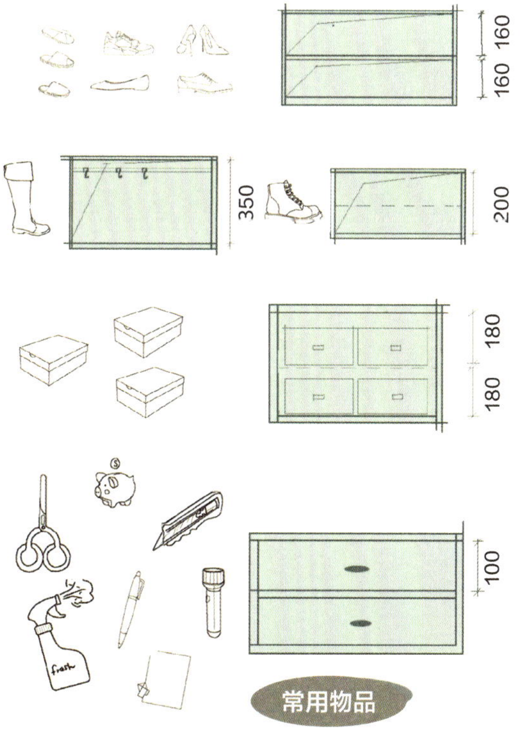

图 4-3　门厅物品收纳示意

● 洁污分区

如图 4-4 所示，入户及门厅处需要进行洁污分区，将外出穿的鞋子与家居鞋子进行区分。同时，空间设计应考虑归家换鞋时的便利性。另外，此区域的硬装及软装材料也要考虑耐污性能等。

图 4-4　门厅洁污分区示意

● 消洗功能

如图 4-5 所示，家中有老人与小孩，应将消洗功能考虑在内。可以在入户及门厅处设置洗手消毒的地方，也可以通过其他方式设置消洗的区域。另外，对于快件、包裹等物品的接收，也需要考虑其消毒的区域及方式。

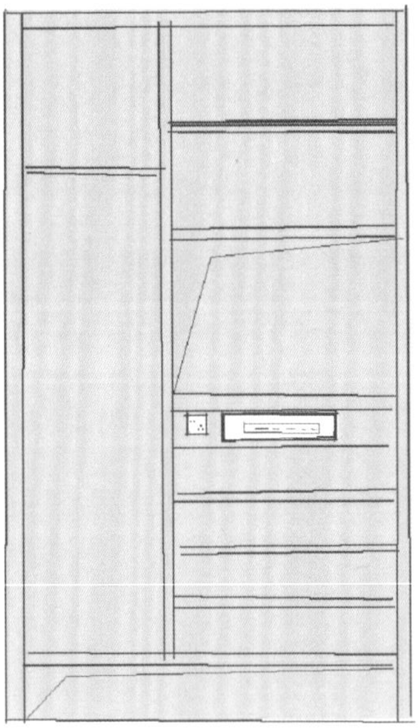

图 4-5　消洗功能示意

（2）入户及门厅区域的布局形式分析

● 入户形式分析

在明确了入户和门厅的功能之后，便可以结合实际情况进行空间布局的设计。如图 4-6 所示，列举了 3 种常见的入户形式，并且提出了相应的设计建议，从而给生活提供更多的便利性。

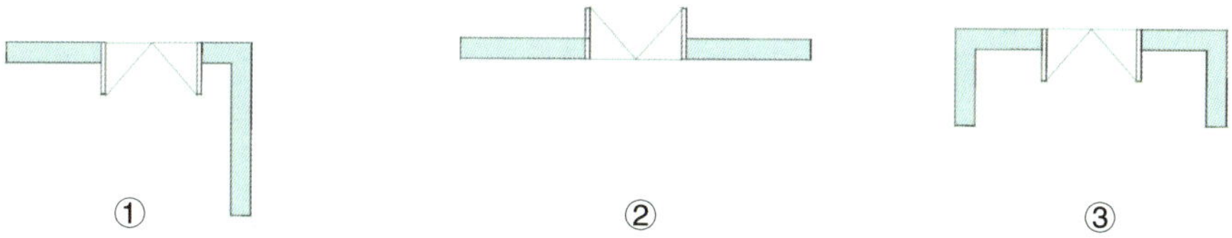

① 入户形式需要考虑利用墙体的拐角处，但由于此处空间比较狭小，又属于公共区域，因此可以考虑安装一些不太显眼的重力挂钩或者折叠桌板，供外出、归家时临时挂物和置物用。

② 入户形式往往需要考虑和邻里共享入户位置的空间，因此，这里的收纳形式应尽量简单实用，安装重力挂钩的做法较为常见。

③ 入户形式享有较多的私密空间，除了安装挂钩，还可以安装折叠桌板，甚至可以摆放较为灵活的矮柜，收纳一些出入时常用但又不私密的物品。

图 4-6　3 种常见的入户形式

● 门厅形式分析

如图 4-7 所示，根据目前市面上常见的户型，对门厅的布局形式归纳如下。

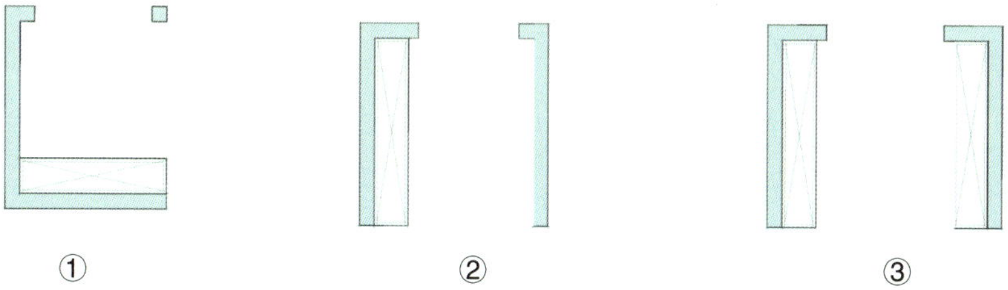

① 将玄关柜安排在入口进深处，形成一个较为独立的区域，但考虑到这种布局的动线存在干扰，在进行空间设计时，不宜将柜体做得太满。

② 将玄关柜安排在入户开间一侧，动线较为明了，不但可根据空间的实际情况设计较为完整的玄关柜，而且柜体对面的墙上也能充分利用，可以作为挂放物件的收纳空间。

③ 空间更为宽敞，可以借用两侧墙垛位置设置两排大容量的玄关柜体。

图 4-7　3 种常见的门厅布局形式

2. 人体工程学应用

在对空间进行设计的时候，要结合空间使用的便利性和舒适性进行考虑。这样可以顺应使用者的习惯和行为，从而让设计具备实质意义，更加精细化。图 4-8 是门厅内涉及的人体工程学尺寸的相关介绍。

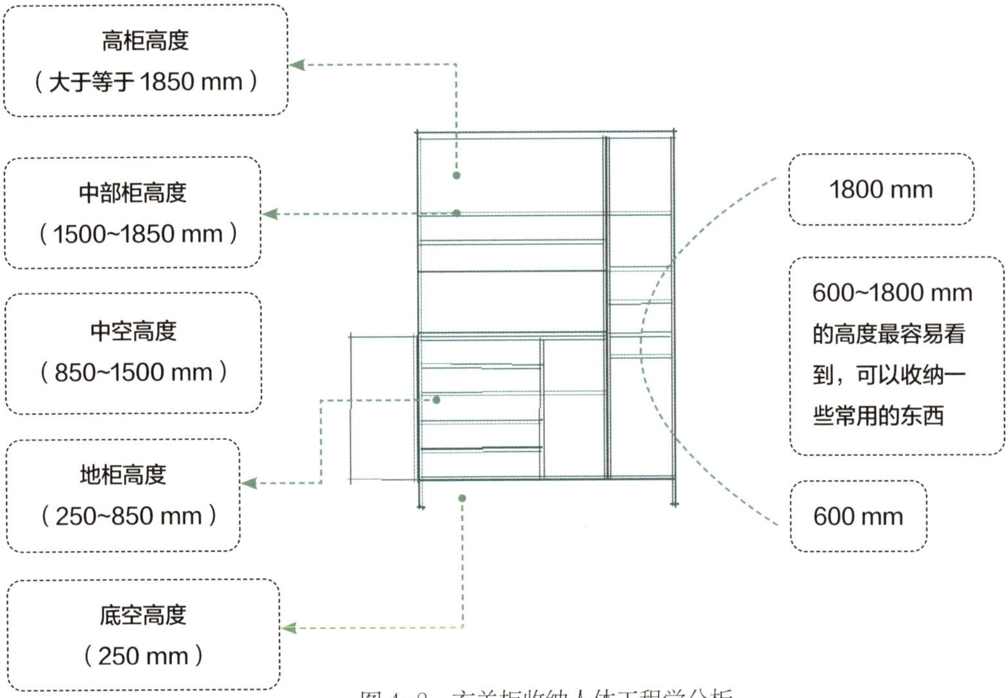

图 4-8　玄关柜收纳人体工程学分析

门厅处的操作行为直接与空间的尺度和布局相关，使用时应慎重考虑这些因素，从而可以更加合理地规划空间。

图 4-9 是门厅几种常见的尺度和布局分析。

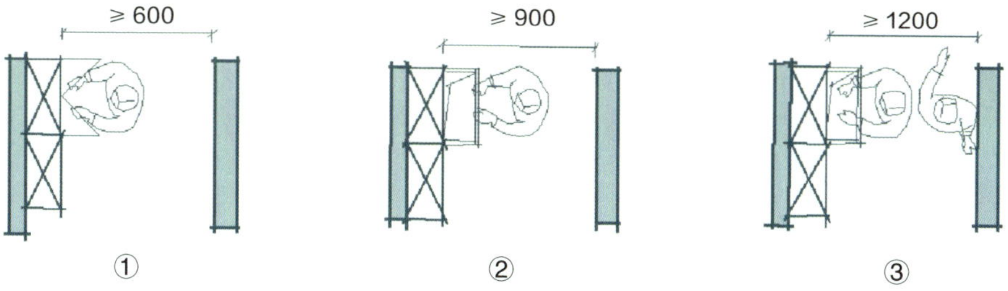

① 当一人开柜门取放物品时，柜体前方要预留 600 mm 以上，才能顺利进行操作。
② 当一人打开抽屉取放物品时，柜体前方要预留 900 mm 以上，才能顺利进行操作。
③ 当一人在取放物品，另一人从其后通行时，柜体前方要预留 1200 mm 以上，才能顺利进行操作。

图 4-9　门厅取放物品行为和尺度分析

总之，在实际进行空间规划时，需要根据自家的空间条件，先将过道尺度预留出来，再在剩余的空间中进行设计规划，才能确保后续使用的便利性。通常来说，通道需要预留 900 mm 以上。

3. 收纳设计分析

入户与门厅区域是存放外出必需品和临时衣帽鞋履等物品的理想地点，合理的收纳方案可以帮助家庭成员迅速找到所需物品及储存物品，提高生活效率。此外，入户与门厅区域也起到控制杂物进入室内的作用，减少室内的杂乱。

收纳技巧是为了在有限的空间内实现最优化的功能和美观，为居住者创造最便利的收纳条件，同时也能展现居住者对家居环境的重视和品位。

以下就 3 个方面对门厅区域的收纳技巧展开分析。

（1）如何提升收纳空间的利用率

提升空间利用率可以充分发挥有限空间的实用性，使玄关整洁美观，节省使用时的时间和精力，提高居住舒适度，创造更美好的家居环境，可以从以下 8 个方面考虑。

● **玄关柜深度的把控**

通常来说，350 mm 深的玄关柜可以满足普通鞋子平放的尺度；小于 350 mm 深的鞋柜则需要改变鞋子的收纳形式，通常会采取斜放或竖放的形式，可摆放的数量受到较大影响；大于 350 mm 深的鞋柜可以通过分割柜体深度来提升空间利用率。如图 4-10 至图 4-12 所示，展现了不同深度鞋柜的空间利用技巧。

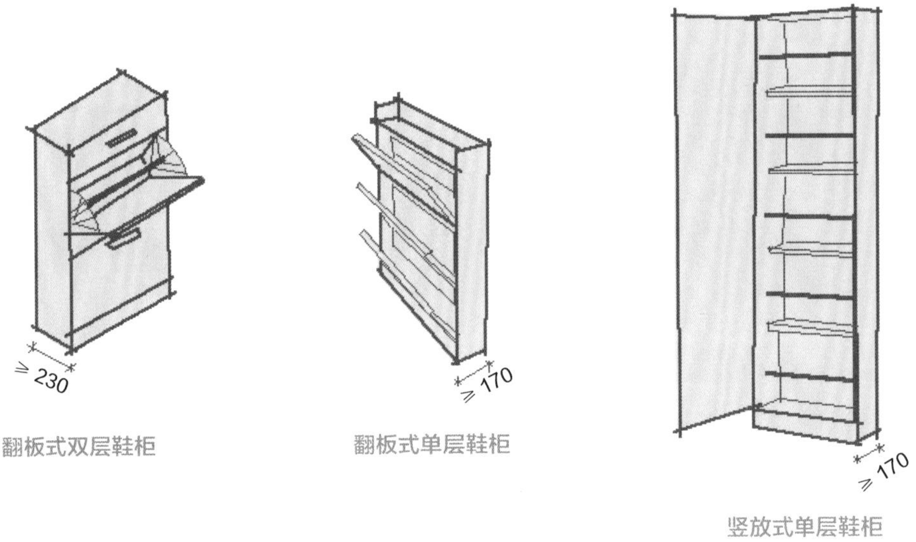

图 4-10　进深小于 350 mm 的鞋柜

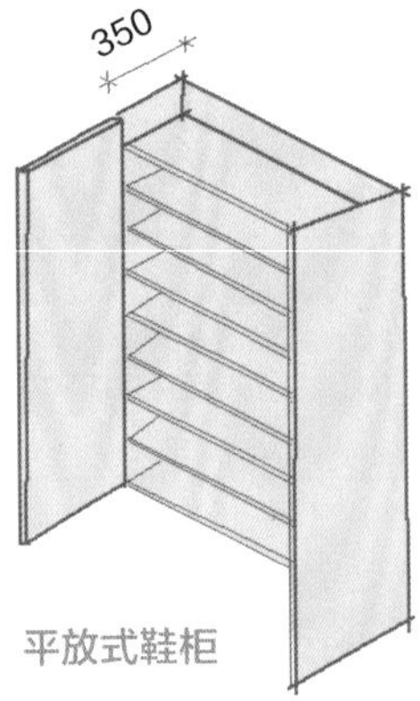

图 4-11　进深为 350 mm 的鞋柜

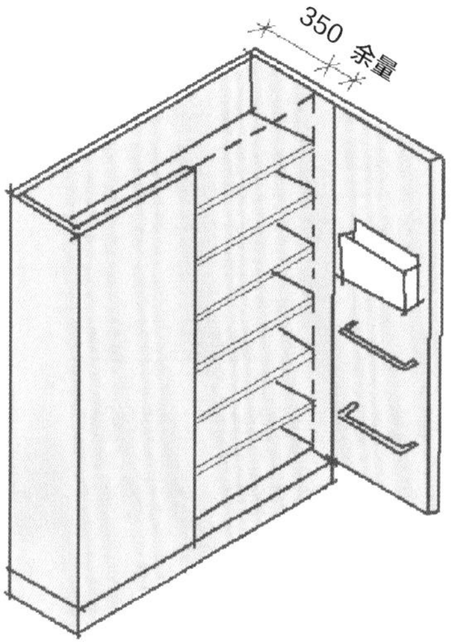

将总深度一分为二，后部层板进深为 350 mm，可平放鞋子，前部尚余空间，可利用柜门背面做其他收纳。

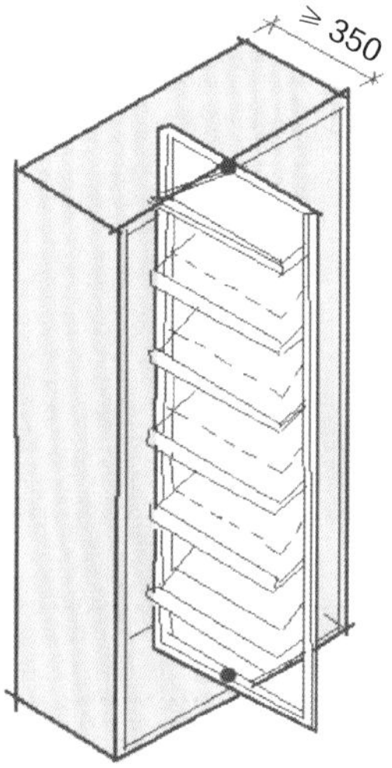

旋转鞋架由两侧角度互补的多层板组成，上下安装导轨，拉出后再旋转，两面都能用。

图 4-12　进深大于 350 mm 的鞋柜

● 玄关柜长度的把控

以普通鞋子的宽度尺寸为参考，鞋柜的长度尽量为鞋子宽度尺寸的倍数。例如，一双普通鞋子的宽度通常在 200~250 mm，那么玄关柜的长度可以用 200~250 mm 的倍数为参考，考虑柜体外观的美观度和柜体的稳定性，通常柜体会以 400 mm 或 450 mm 的尺度为间隔，余量可以灵活处理。图 4-13 是一个长度为 1200 mm 的玄关柜，储鞋区的长度以鞋子宽度的倍数为参考，余量可以做其他用途。

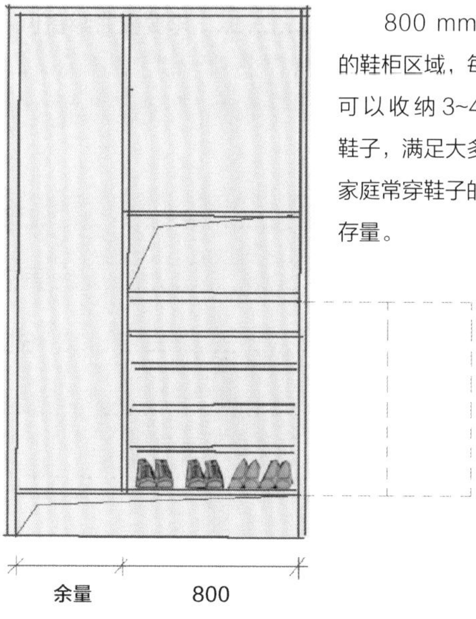

800 mm 长的鞋柜区域，每层可以收纳 3~4 双鞋子，满足大多数家庭常穿鞋子的储存量。

图 4-13　长 1200 mm 的玄关柜示例

● 玄关柜高度的把控

根据普通鞋子的高度来看，一般需要预留 150 mm 高的空间。因此，在设计柜体高度时，可根据家庭存放鞋子的数量来做相应的高度分割。另外，需结合玄关柜的人体工程学原理，对柜体高度的分割和利用进行综合考虑，如图 4-14 所示，以高 2400 mm 的玄关柜为例。

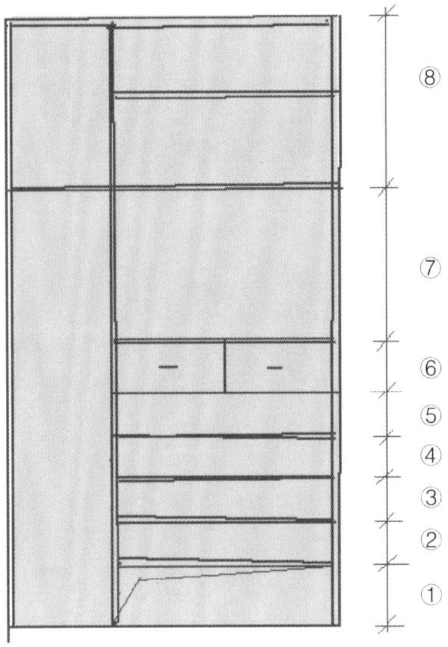

①底部预留 250 mm 的高度，方便换鞋的时候视线直达。

②～⑥按照 160 mm 的高度分隔，层板之间净空为 150 mm。

⑦台面区域可预留 600 mm，放置小物品等。

⑧高柜区层高为 750 mm，可用来收纳大件、轻便且不常用的物品。

图 4-14　高度为 2400 mm 的玄关柜做法示例

● 柜格高度的灵活调节

固定层板高度的鞋柜灵活度不高，可设计活动层板，即在鞋柜侧板设置排孔，孔距为一个标准工业模数—— 32 mm。层板可根据鞋子高度任意调整，找到适宜的高度，因此，标准放鞋的层高以 160 mm（32 mm × 5）为一个单元，净空高度为 150 mm，如图 4-15 所示。

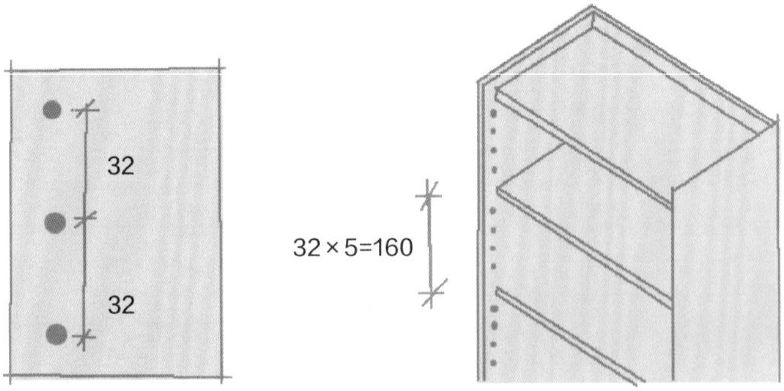

图 4-15　层板间排孔示意

● 侧柜的巧妙利用

对于一些柜体的余量较为“鸡肋”或过道较为狭窄的情况，可以考虑打造侧柜。特别是对于一些深度较大的柜体而言，这样一来就能将“窄进深”变为“宽开间”的收纳形式，大大提升空间利用率，如图 4-16 所示。

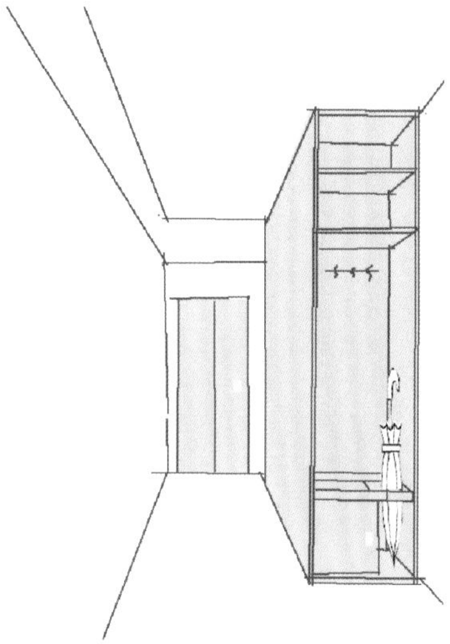

图 4-16　侧柜收纳示意

● 局部板材厚度的把控

对于鞋柜的构造，局部板材可以尽量采用薄板，这样一来，也可以节省空间，如图 4-17 所示。

对于①、②两个层板区域，如果柜体较小且不起承重作用的话，可以尽量采用薄板来打造。

图 4-17　局部板材厚度示意

● 鞋柜侧拉设计

对于门厅过道受限的玄关柜，可以将存放鞋子的区域打造成侧拉的形式，便于从柜体的侧面操作，而不影响过道的使用，如图 4-18 所示。

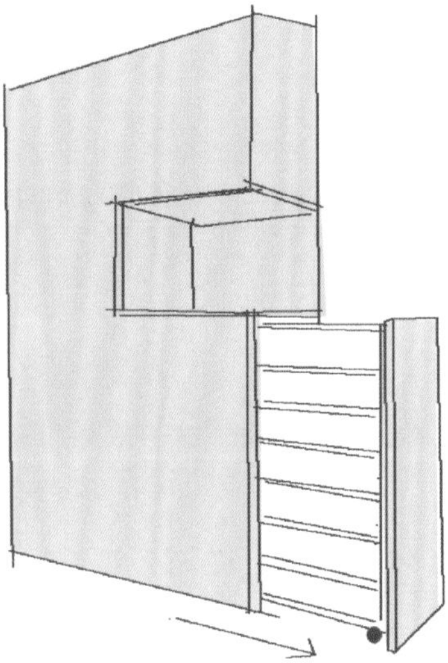

对于正处于过道中部，且空间较为局促的门厅，可以采用侧拉设计的鞋柜，这样拿取也较为方便，并且可以减少对其他物件的干扰。

图 4-18　侧拉鞋柜示意

● 玄关桌的巧妙设计

对于十分局促的门厅空间，由于其存放数量较低，往往难以实现台面功能，但是玄关台面通常承担较多的服务功能。这种情况下，可以设计成可收可放的玄关桌，供业主灵活使用，如图 4-19 所示。

桌板通过五金滑轨与柜体连接，仅需预留 50 mm 高的空间即可实现收放功能。

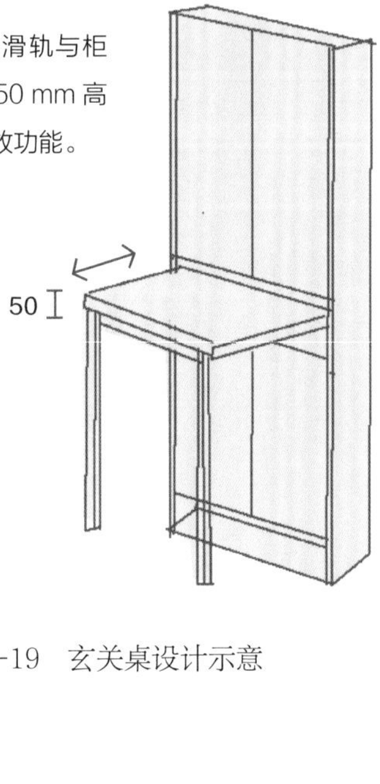

图 4-19　玄关桌设计示意

（2）收纳如何更加精细化

当今的住宅空间较为有限，可谓“寸土寸金”。越是精细化设计就越能提升居住价值，收纳设计也不例外，应该更趋向于精细化。

现针对门厅空间的收纳情况，提出以下 11 点精细化建议，可以根据实际情况参考使用。

● S 形挂钩的妙用

对于玄关柜内的挂钩安装，应尽可能保证其收纳方式灵活，而 S 形挂钩就在这方面扮演着较好的角色。无论是挂雨伞、临时衣物还是其他小物件，这种挂钩都可以轻松应对。其上下两头均可移动，体现了收纳的灵活性，如图 4-20 所示。

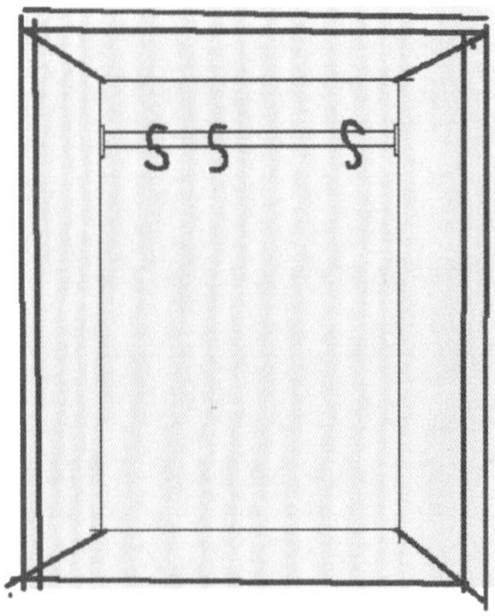

图 4-20　S 形挂钩的妙用

● 收纳品类细分

门厅区域是一个过渡区域，而此处的收纳空间往往较为局促。因此，在进行物品收纳的时候，需要尽可能将物品进行品类细分。这样取放的过程都可以有序便捷地进行，特别是抽屉区域的收纳，如图 4-21 所示。

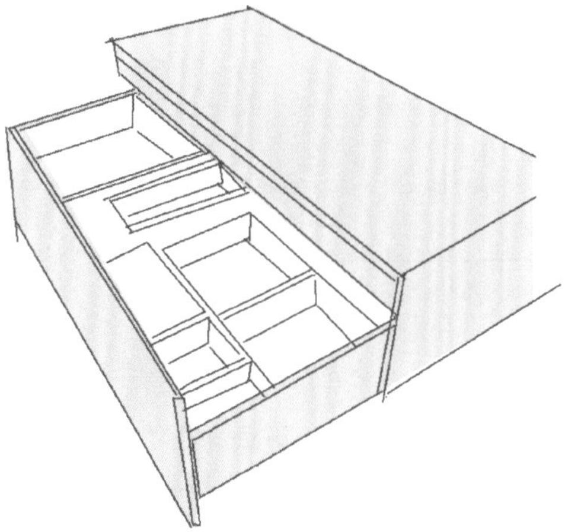

图 4-21　收纳品类细分

● 鞋子挂钩的运用

对于一些不易收纳的鞋子，可以运用鞋子挂钩来收纳，既能保持鞋子的形态，又能灵活运用空间，如图4-22所示。

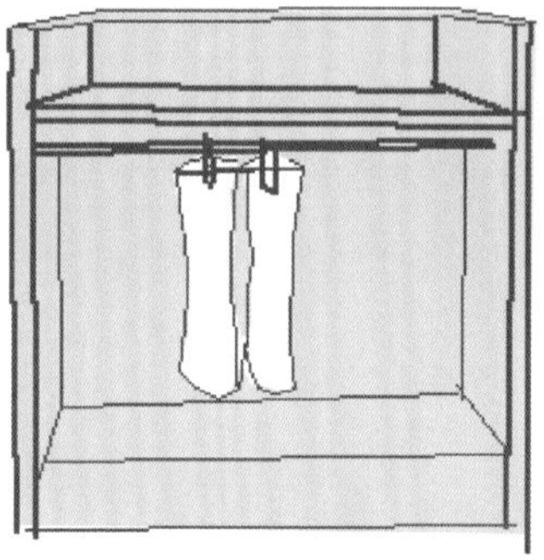

图 4-22　鞋子挂钩的运用

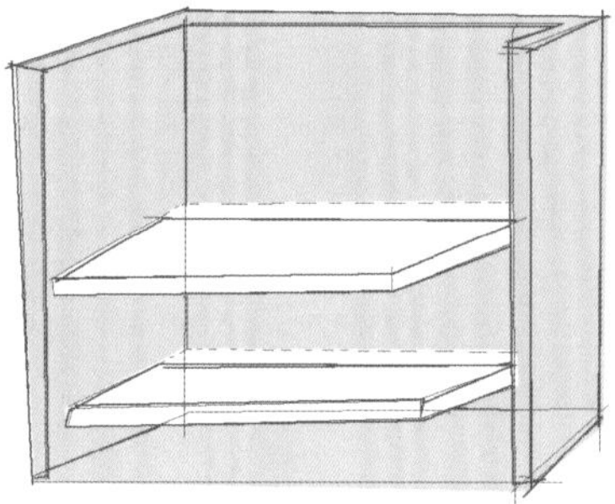

图 4-23　搁板的滤尘隙

● 搁板的滤尘隙

搁板和背板、门板之间最好留些缝隙，可以使得上层的尘土往下落至最底层，这样不容易积灰，还方便日常清洁，如图 4-23 所示。

● 深柜的巧用

玄关深柜一般不多见，但是在条件允许的情况下，可以因地制宜。设置较大柜格不仅可以收纳大件物品，还可以通过一分为二的收纳方式存放鞋子，更好地利用柜体的进深，如图 4-24 所示，鞋盒和鞋子同在一层前后分开放置。

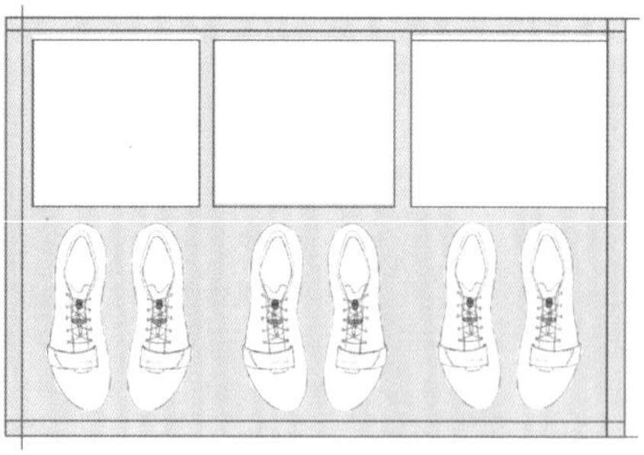

图 4-24　深柜的巧用

● 预留通风孔

如图 4-25 所示，宜在鞋柜的底部、侧部和北部的适当位置预留通风孔，有利于柜体内的通风散味。

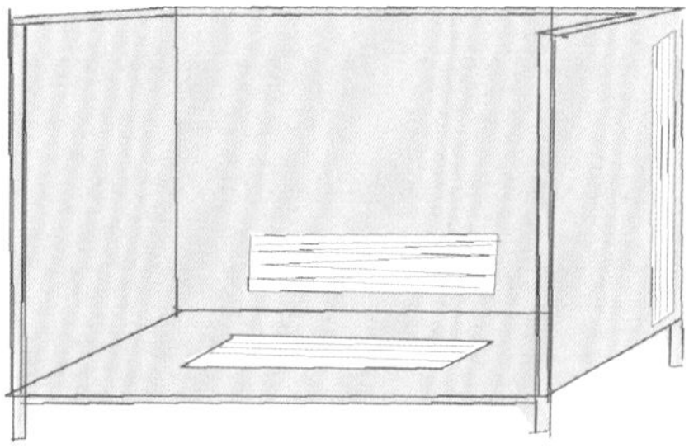

图 4-25 预留通风孔

● 预留消毒设备

如图 4-26 所示，在鞋柜上方预留消毒护理机的位置和电源插座，便于给鞋物杀菌消毒。

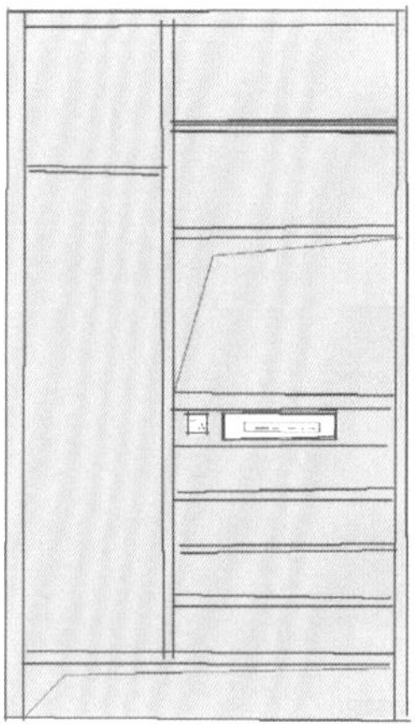

图 4-26 预留消毒设备的位置和电源

● 柜门和把手

如图 4-27 所示，柜门的设计要考虑开启方向和变形问题，地柜的门可以采用下扣手的开启方式，防止把手凸起或需弯腰去开启。如果地柜门要安装把手，可以选择内嵌拉手或者软质把手，并安装在柜门的上部而不是中部，减少或避免弯腰。

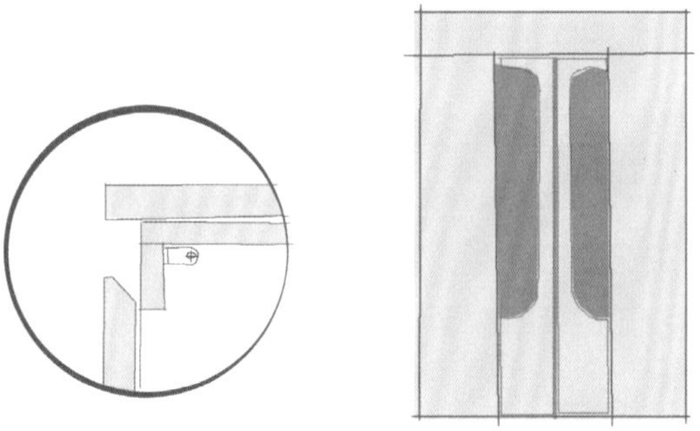

图 4-27 柜门下扣手打开方式和内嵌拉手

● 底部留空和灯光结合

玄关柜的底部预留 250 mm 高的空间，并在底部区域内设计感应灯带，方便站着换鞋且看清底部空间，如图 4-28 所示。

图 4-28　底空与辅助照明

● 扫地机器人的家

在底空区域预留扫地机器人的收纳空间和电源插座，方便给扫地机器人充电，如图 4-29 所示。

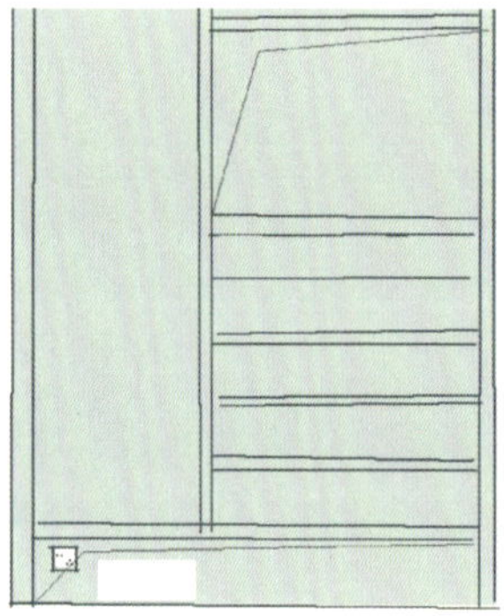

图 4-29　扫地机器人的家

● 洁污分区和干湿分离

玄关柜的收纳要做好洁污分区和干湿分离，例如从外面回来时脱下的鞋子要和柜内的干净鞋子分开收纳，放置雨具的收纳空间要和其他需要干爽环境的物品分开摆放，如图 4-30 所示。

图 4-30　洁污分区和干湿分离

（3）收纳设计的普适性

收纳的主要意义在于提高居住者的生活便利性和舒适性，并且好的收纳设计适用于全龄段人群。因此，应重视收纳的普适性，本着“存取方便，视线直达，形成良好收纳习惯”的原则来进行收纳规划，重点可从以下 8 个方面来完善。

● 选配抽拉式挂衣杆

玄关柜体空间有限，如果有挂衣功能，则需要考虑如何更加方便地挂放和拿取衣物。因为玄关柜挂衣方式一般都是随着柜体进深的方向挂放，所以可以选配抽拉式挂衣杆，避免过度伸手去操作，对老人和小孩都比较友好，如图 4-31 所示。

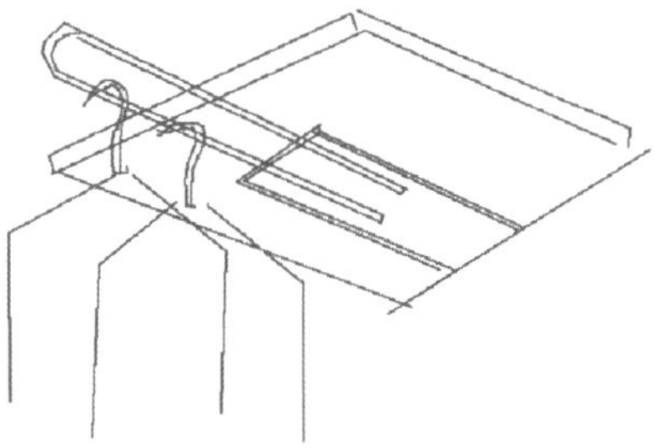

图 4-31　选配抽拉式挂衣杆

● 安全扶手的巧用

并非只有适老空间才需要安装安全扶手，对于日常收纳操作而言，扶手可供放、取物品时借力，起到较好的辅助作用，还能结合柜体造型进行设计，如图 4-32 所示，就是一个很好的例子。

图 4-32　安全扶手的巧用

● 吊柜拉篮的运用

对于吊柜的收纳空间，因为高度太高，不适合老人和孩子，所以为了使用更加方便，可以安装下拉式拉篮进行收纳，提高空间的使用频率，如图 4-33 所示。

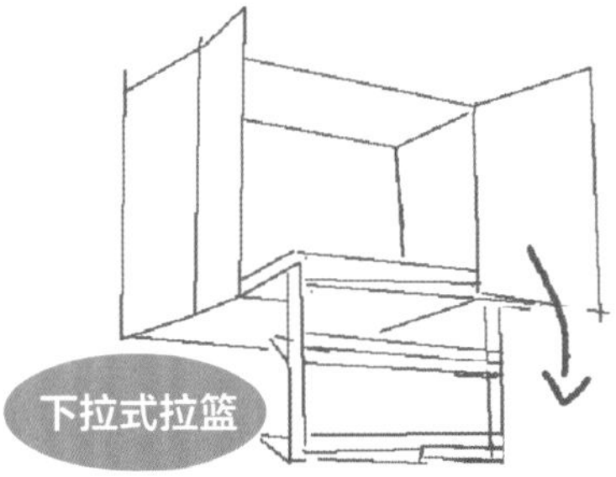

图 4-33　吊柜拉篮的运用

● 发挥抽屉的“管家”职能

如图 4-34 所示，抽屉的收纳功能非常强大，使用也非常便利，可以对抽屉空间进行进一步规划，借助收纳盒来进行物品细分，彰显“多家分管，有序进行”的管家职能。

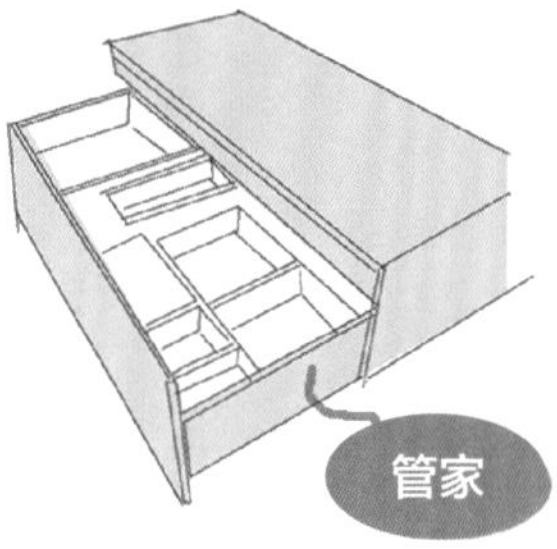

图 4-34　抽屉“管家”职能

● 去底板设计

如图 4-35 所示，对玄关柜局部进行去底板设计，可以满足多种收纳行为，例如收纳婴儿车、购物车、滑板车等带灰尘的物品，还可以在里面放置容器、篓子，收纳雨具、杂物、球类等物品。

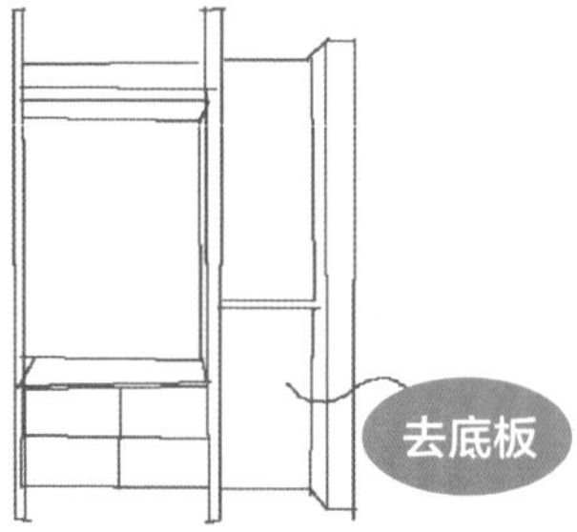

图 4-35　去底板区域

● 设置台面区域

如图 4-36 所示，台面区域的收纳功能强大，对于随身物品和常用小物品，可以直观查找、方便取放，兼具收纳和置物双重功能。

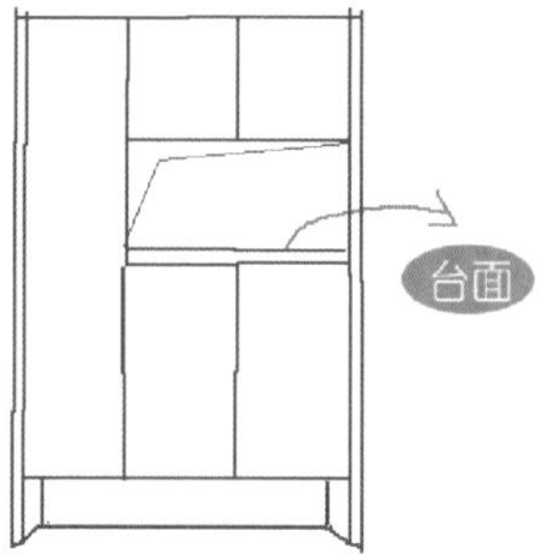

图 4-36　设置台面区域

● 开放格的设计

如图 4-37 所示，玄关柜还可以将封闭收纳和开放收纳相结合，开放格的收纳方式可以更容易看见和拿取物品，一目了然，避免查找的麻烦。

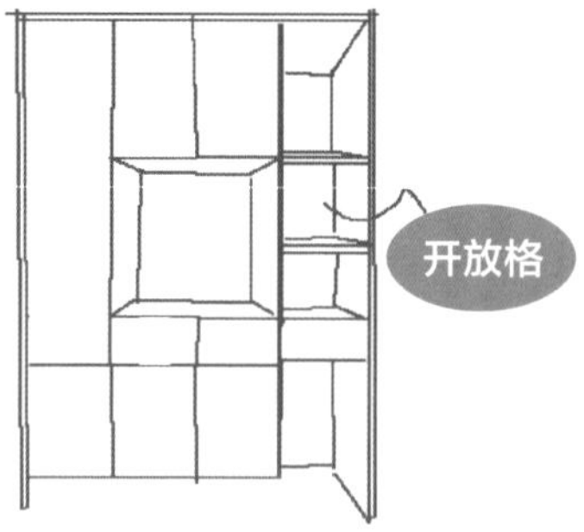

图 4-37　设置开放格空间

● **换鞋凳的实用性考量**

目前市面上有很多换鞋凳和玄关柜相结合的设计，其中可抽拉式换鞋凳无论在便利性还是舒适度方面都欠佳，所以在玄关区域选配换鞋凳时，要结合实际使用情况，不能一味追求整洁和灵活性，而忽视了最重要的便利和舒适性。

图 4-38 列举了几种换鞋凳的形式作为对比。

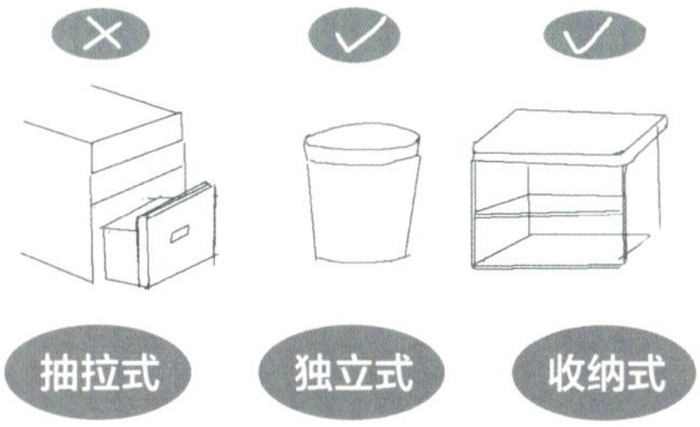

图 4-38　换鞋凳的对比

4. 智能化设计

门厅是家的出入口，门厅的智能化设计要充分体现便利性和人性化的设计理念，并且要简单实用。例如出门前，按下手机“离家模式”或者轻触情景面板上的“离家”按键，所有的设备将进入居住者预先设置的状态：灯光全部关闭、窗帘自动关闭，不需待机设备断电等。回家时按一下情景面板上的“回家”按键：窗帘自动打开、灯光开启、空调打开、电视调到预设的频道等。表 4-1 列举了门厅空间智能化设计的相关要点。

表 4-1　门厅空间智能化设计要点

名称、功能及相关要点	设备图示	名称、功能及相关要点	设备图示
吸顶式无线人体红外探头，用于检测人体活动和非法入侵及报警		空调智能开关，智能调节室内温度	
无线监控摄像头，家人可以通过它进行 APP 远程监控及对话	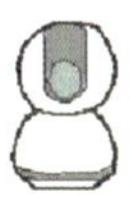	可视对讲电话（考虑实际便利性，也可以将其安装在客餐厅区域）	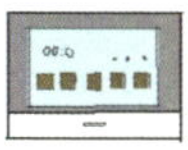
紧急安全报警按钮，遇到紧急情况可以一键报警	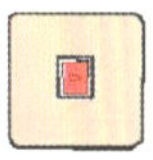	门磁报警器，一般用于探测门、窗、抽屉等涉及人身安全或贵重物品的安全保护机制是否被非法打开或移动	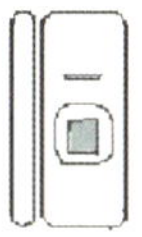
智能一键开关，全屋电路一键控制（设置一键开关时，需要单独控制冰箱回路）			

5. 材质选择与色彩运用

门厅空间一般不大，通常也不会设置窗户等。在视觉感受上，门厅会给人一种狭小的空间感，因此在材质和色彩的运用上，通常建议使用简约、质朴的材质和明亮的浅色调，以便在视觉感受上，给人一种松弛感和亲和力。图 4-39 是门厅区域材质选择和色彩运用的一些要点。

要点一：天花造型及材质

门厅属于入户处的形象展示区，加上其空间本身具有一定的独立性和仪式感，因此在天花的造型上可以与其他区域稍加区分，材质可搭配一些金属线条及镜面材料等。

要点二：墙面材质和色彩

门厅虽是相对独立的空间，但墙面一般与其他公共区域墙面相连，因此墙面的材质和色调建议与公共区域保持一致。

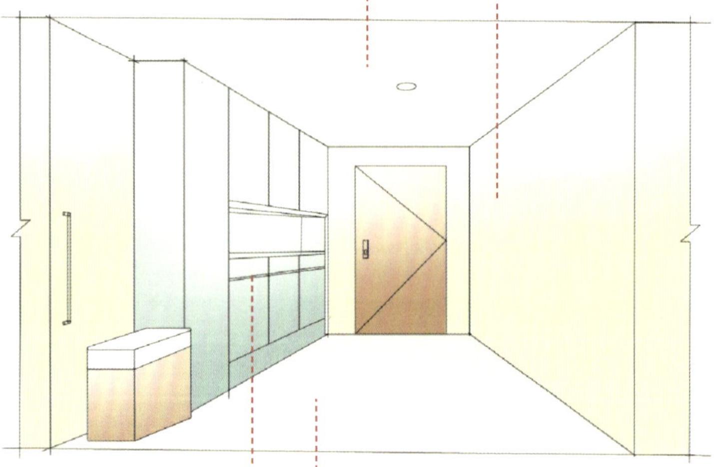

要点三：柜体材质和色彩

门厅柜体的材质一般采用浅木纹或者浅色烤漆板、吸塑板等耐脏易清洁的材质，并在局部采用石材和金属来打造造型，色调上以明亮的浅色系为主。

要点四：地面材质和色彩

门厅属于室内外的过渡空间，地面要选择具有防滑、防污功能的材质，其色调和做法往往与客餐厅等公共区域一致，也可以做适当的拼花造型，强化空间仪式感。

图 4-39　门厅材质选择和色彩运用要点

6. 人性化设计要点概括分析

表 4-2 是对于入户及门厅区域人性化设计的一些要点概括。

表 4-2　门厅人性化设计要点概括分析

功能及相关要点	设备图示	功能及相关要点	设备图示
每次回家大包小包，手提重物空不出双手，在入户门外设置一个重力挂钩即可解决		玄关柜多功能分区设计，为随身物品、婴儿车、购物车等设置一个灵活而实用的空间	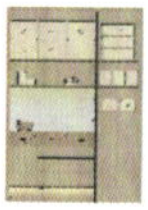
晚上回家，室内漆黑一片，只能摸黑进门，门厅天花设置一盏光控红外线人体感应灯，即可解决		柜门可以安装雨伞收纳挂件，自带接水槽，防止弄湿柜体与门厅区域	
临出门才发现忘涂口红、忘系领带，还得匆忙入内整理，在鞋帽柜门安装梳妆镜，即可解决		在门厅处设置一键总控开关，方便归家、离家时一键控制电源，同时预留电源插座以供必要时充电等用处	
吊柜底部和底空处设置感应灯带，只要轻轻一扫或者人一经过，灯光就会亮起		门厅处设置钥匙挂钩，出入时钥匙随手拿取，方便且不易遗漏	
存放鞋子的位置容易产生异味，滋生细菌，建议预留电源插座，为消毒仪器和杀菌仪器提供条件	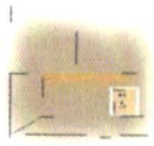	设置可视对讲系统，以供访客与住户双向可视通话，实现图像、语音双重识别，从而增加安全性和便捷性	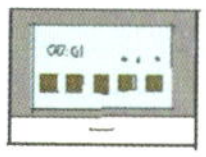
鞋子收纳区设置层板粒，并采用活动层板形式，可根据鞋子高度自由调节	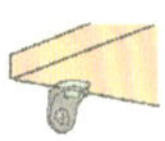	防盗门选用智能密码锁，可以通过指纹、密码、刷卡等方式打开，提高便利性和安全性	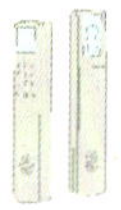
结合实际情况设计换鞋凳，换鞋凳可以结合鞋帽柜一体化设计，便于坐着换鞋	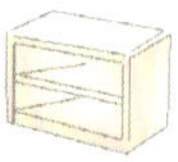	门下安装自动隔声除尘条，保证入户区域的清洁，同时消除门槛的高低差，防止老人和小孩不慎摔跤	
玄关柜预留底空位置，便于摆放常穿的鞋子，同时也能做到洁污分区	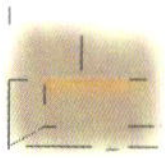	—	—

7. 相关设计案例介绍

如图 4-40 所示，以进深为 400 mm、宽度为 1350 mm 的玄关柜为例进行收纳设计。

要点一：柜门的妙用

柜门除了安装全身镜，还可以安装一些收纳盒和雨伞架等来收纳小物和雨伞，充分利用空间。

要点二：高柜的用法

高柜区域由于拿取不便，因此可以收纳一些大且轻的物件，例如鞋盒、抽纸等，同时，内部不设层板，方便查找和拿取。

要点三：浅抽屉的做法

抽屉采用浅抽屉的做法，可以做两层屉格，并设置灵活的开放格子，将细小物件有序归类，便于查找和收纳，也最大限度地利用了空间。

尺寸备注：

① 600 mm，② 1800 mm，
③ 600 mm，④ 750 mm，
⑤ 200 mm，⑥ 600 mm，
⑦ 250 mm，⑧ 2400 mm，
⑨ 450 mm，⑩ 900 mm。

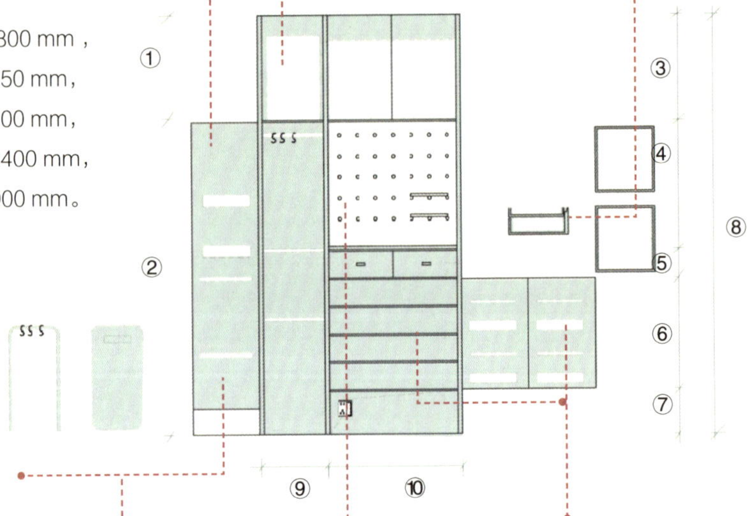

要点四：空间灵活利用

挂衣帽的柜格可以进行多功能设计、去底板设计，灵活地将行李箱、挂衣架和大件物品进行收纳，另外设置可调节位置的挂杆，根据挂放衣物的长度进行合理调节。

要点五：巧用洞洞板

在台面上方的开放区域安装洞洞板，可以根据需要灵活地悬挂或摆放一些随身小物件，同时也能起到展示的作用。

要点六：鞋子收纳区的做法

鞋子收纳区可以设置一些层板粒，随时调节层板高度。底空区域安装插座，供扫地机器人或消毒柜使用，还可以利用柜门挂放物件。

图 4-40　门厅收纳方案设计演示

第 2 节 厨房

厨房是居家使用频率较高的区域，是家中的烹饪和饮食中心。它不仅提供了存储食材和烹饪设备的空间，还可以促进家庭成员的互动和交流，是家庭社交的重要场所。

接下来，将从 8 个方面展开介绍厨房的精细化设计。

1. 功能和布局形式分析

（1）厨房区域的功能分析

通常来说，厨房主要包括食材保鲜冷藏区、置物区、水槽区、切菜区、烹饪区、盛盘区、操作空间、储藏区等功能区，每个功能区都相互联系。因此在设计的过程中，要结合操作动线，合理配置空间的尺度。图 4-41 是厨房区域的功能区及尺度关系示意。

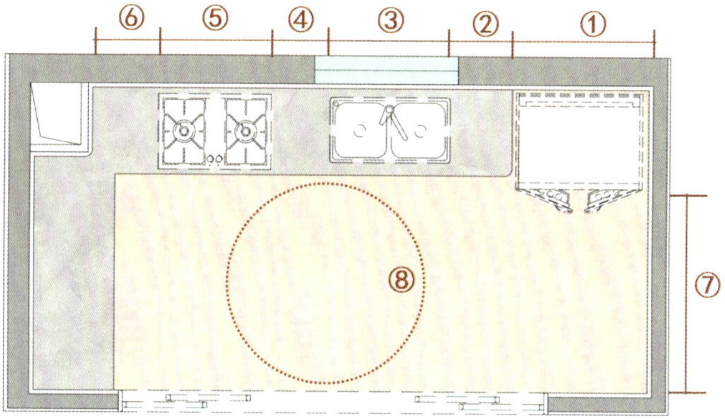

①保鲜冷藏区：双开门冰箱宽度大于等于 900 mm，单开门冰箱宽度大于等于 650 mm；②置物区尺寸大于等于 300 mm；③水槽区：双盆尺寸大于等于 750 mm，单盆尺寸大于等于 600 mm；④切菜区尺寸大于等于 600 mm；⑤烹饪区尺寸大于等于 750 mm；⑥盛盘区尺寸大于等于 300 mm；⑦操作空间：过道宽度大于等于 900 mm；⑧如果家有老人或轮椅使用者，尽量留足轮椅的转圈空间，直径大于等于 1500 mm。另外，储藏区一般设置在橱柜或靠墙体摆放。

图 4-41 厨房区域的功能区及尺度示意

（2）厨房区域的布局形式分析

厨房的布局原则，一般遵循“黄金三角形”的原则，即将食材保鲜冷藏区、水槽区、烹饪区设在合适的位置，三者呈现较为理想的三角形布局形式，通常相隔距离不宜超过 1 m 。

厨房的基本布局形式一般呈一字形、L 形、U 形、二字形、岛形，以下将选取 90 m^2 户型常规厨房的几种布局形式展开分析，如图 4-42 ~ 图 4-45 所示。

① 一字形厨房布局形式适用于空间小的户型以及对厨房功能需求较低的家庭，综合分析如下。

特点：受到空间的局限，洗、切、烹饪在一条直线上。

优点：动线短，遵循“黄金三角形”原则，效率得以提升。

缺点：动线交叉较多，操作区域局促，便利性不佳。

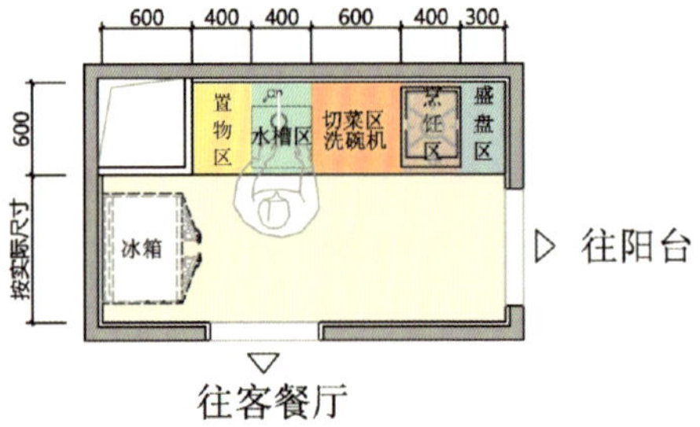

图 4-42　一字形厨房布局形式分析

② 二字形厨房布局形式适用于进深较小的空间，综合分析如下。

特点：将工作区平行安排在两边，最极限的开间可以做到 1900 mm。

优点：动线短且交叉少，工作效率较高。

缺点：直线行动受影响，操作时常需来回旋转。

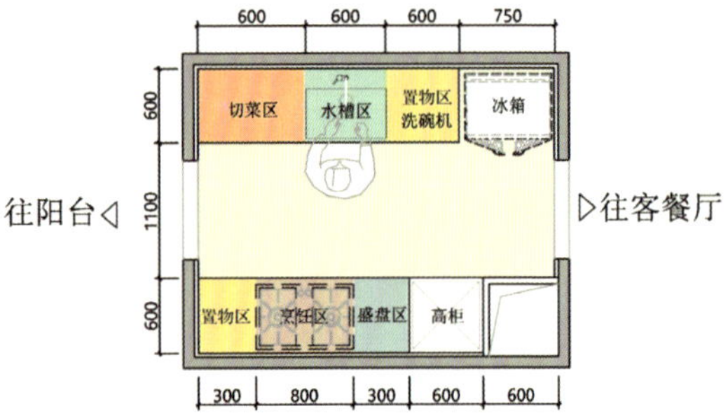

图 4-43　二字形厨房布局形式分析

③ L 形厨房布局形式适用于开间较小的空间，是较常见且经济的方式，综合分析如下。

特点：清洗、切菜与烹饪三大工作区依次布置于相互连接的 L 形空间上。

优点：动线短且不交叉，工作效率较高。

缺点：转角处利用率较低，若两边工作台的长度相差较大，会降低工作效率。

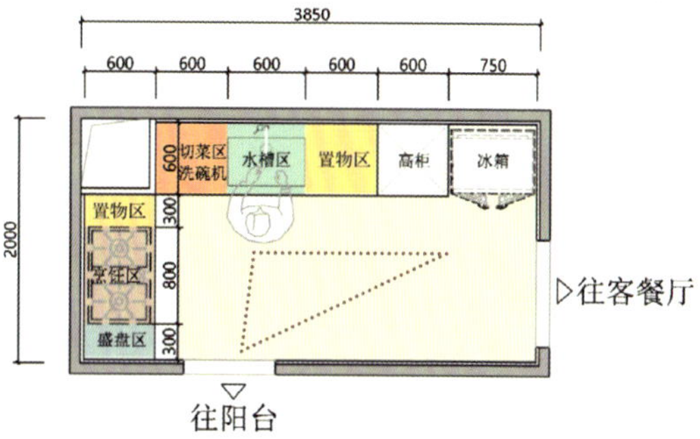

图 4-44　L 形厨房布局形式分析

④ U 形厨房布局形式适用于近似于正方形的空间，综合分析如下。

特点：工作区共有两处转角，要求空间大，三大工作区近似正三角形分布。

优点：是操作动线相对最短的一种形式。

缺点：转角利用率较低。

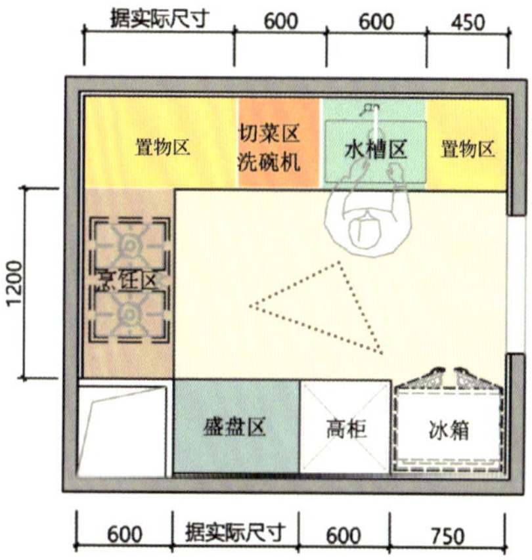

图 4-45　U 形厨房布局形式分析

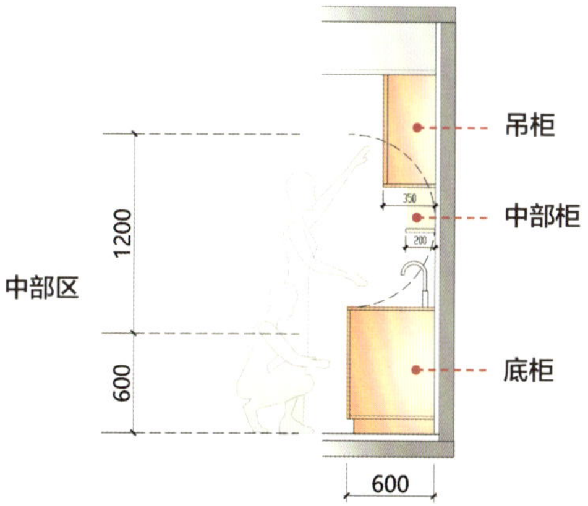

图 4-46　橱柜最适操作范围示意

2. 人体工程学应用

对于厨房空间的操作行为，需要了解人体的最佳操作范围，从而做相应的空间和橱柜设计，图 4-46 是厨房空间符合人体工程学原理的常用尺寸。

● 重视中部区域的利用

中部区域指距地面 600~1800 mm 的范围，这是以人在正常站立时的肩膀为轴，手臂上下稍做伸展可够到的区域，是存取物品最方便且视线最易看到的范围。中部区域一般包括中部柜、吊柜的下部区域以及地柜的上部区域。在进行厨房储藏空间的设计时，应将常用碗筷、调料等使用频率较高的物品放置在这个区域，方便看清和拿取。

● 注意防止吊柜碰头和遮挡视线

吊柜的柜体过深或过低容易造成碰头和视线遮挡。建议吊柜深度以 280~350 mm 为宜，距地面高度在 1500 mm 左右。当设置中部柜时，吊柜底面标高还可适当调整为 1550~1600 mm，使中部柜的高度在 300 mm 左右，保证中部区域的有效存储量。

● 选择恰当的柜门形式

柜门的打开形式、位置选择等应根据人体尺度、活动范围来确定。常见的柜门形式有平开、上开门、推拉门等。

平开门的门扇尺寸不宜过大，地柜宽度一般为 450 mm，吊柜门宜为 350~450 mm。

上开门不应设置在吊柜上部区域，其高度过高，不方便关门。

中部柜可以不设柜门，便于拿取，也可根据需要设置推拉柜门。

3. 收纳设计分析

厨房收纳不仅要一目了然，使用时还要简单、易操作，减少爬高摸低。一目了然、容易取放所在高度的位置，叫作可视区域、可操作区域。

（1）厨房物品分类及储存要求

若想在有限的厨房空间中实现高效便捷的收纳行为，需要了解厨房收纳物品的种类及其尺寸要求，见表 4-3。

表 4-3　厨房厨具收纳及储存要求

分类	收纳物品	储存要求	物品种类及尺寸参考
厨具	锅具	锅具种类较多，形状大小也有所差异，且部分锅底容易沾染油污，难以做到完全清洁，所以收纳时一般不能直接摆放，需要占用的空间较多	蒸锅：高 270 mm，直径 260 mm； 高压锅：高 240 mm，长 450 mm； 炒锅：高 190 mm，直径 320 mm； 平底锅：高 65 mm，直径 270 mm； 砂锅：高 160 mm，长 280 mm； 电炖锅：高 210 mm，长 310 mm； 汤锅：高 190 mm，长 340 mm； 中药锅：高 130 mm，直径 160 mm
	碗、盘等餐具，杯具	碗、盘等储存量较大，且多为易碎材质，储藏位置不宜过高，常用的可依水槽区就近安放，便于清洗和沥水。除常用餐具的存储和拿取方便外，还要考虑备用餐具的储存需求	大碗：直径 155 mm × 高 75 mm； 大盘：直径 180 mm × 高 40 mm； 小碗：直径 115 mm × 高 55 mm； 小盘：直径 100 mm × 高 25 mm； 杯子：高 105 mm × 直径 95 mm
	铲勺、刀具、菜板及开瓶器等小工具	厨房小工具的特点是数量较多，但是体积往往不大，储存时应注意巧妙利用空间，并注意空间分隔，便于分类和拿取。另外，刀具的储藏应注意安全性，尤其是对于有老人和小孩的家庭	小工具可平放在抽屉里，高度均不超过 100 mm

续表 4-3

分类	收纳物品	储存要求	物品种类及尺寸参考
食材	调料	调料储存包含盐、糖、味精等小瓶调料，醋、酱油等中瓶调料；常用调料宜放置在灶台附近可顺手拿取的位置，例如中部柜的调料架上，或地柜的拉篮上层	调料瓶：高 200~300 mm， 调料盒：高 80~300 mm 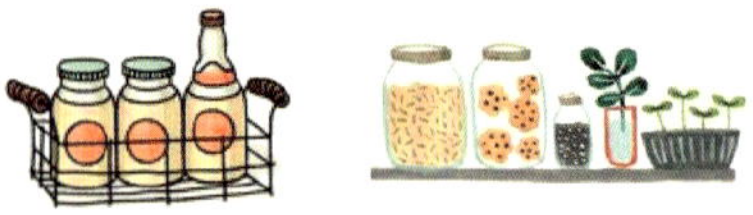
	短期存放类物品	新鲜蔬菜、水果、肉类、奶制品等食物大多可存放于冰箱内，所以单开门和双开门的尺寸有区别，因此需考虑放置冰箱的空间和日后冰箱换代升级的可能	
	长期存放类物品	米、面、油等由于其重量沉、体积大，因此适合放置在空间较大的地柜中，并注意避开潮湿处，以防生虫或变质；干货等重量相对较轻，可以放置在吊柜的下部区域或者单独的食品柜中	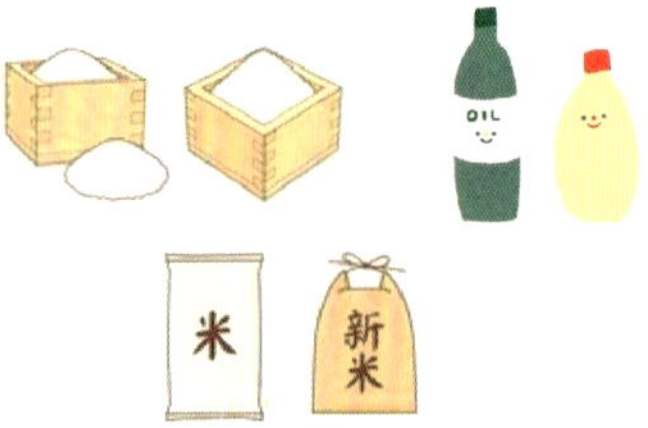
其他	清洁用品	清洁用品宜存放在水槽附近，这些物品通常较潮湿，宜挂晾起来，所以需要在水槽附近设置适当的置物架	清洁剂：高 200~300 mm； 洗碗巾 / 百洁布：长 180 mm，宽 160 mm； 海绵擦：厚 20~60 mm 
	杂物	比如保鲜盒、保鲜膜等小件物品，这类物品较为常用，但相对零散，宜分类收纳在地柜上层的抽屉中	保鲜盒：高 50~200 mm； 保鲜膜：直径 30~50 mm，长 300 mm 
	垃圾处理用品	厨房的许多垃圾产生于食材及剩菜等的处理过程中，因此垃圾桶最好在就近水槽位置设置，避免浸水	

（2）厨房物品储存位置分配

如图 4-47 所示，以家居收纳场景为例，对厨房物品收纳位置的分配进行分析。

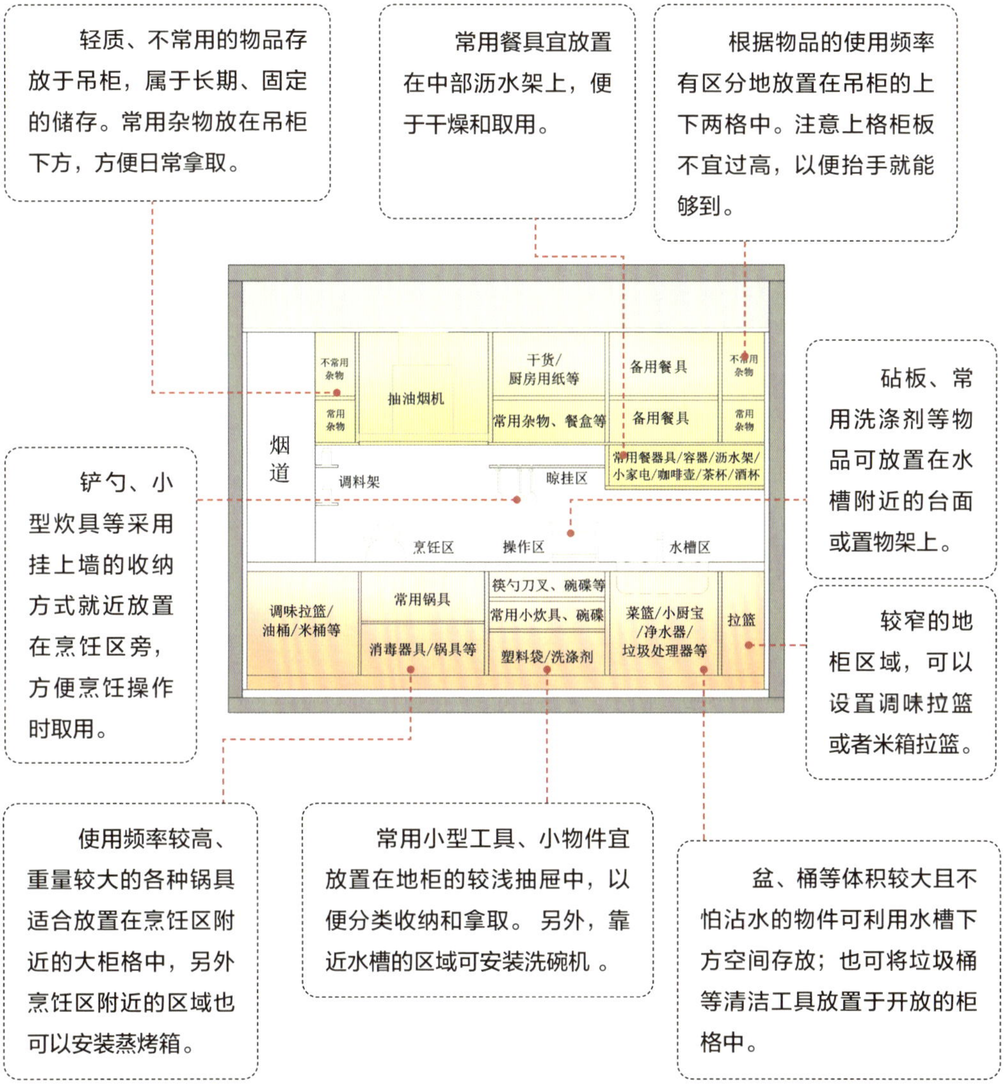

图 4-47　厨房物品储存位置分配

4. 光照与通风

厨房是日常操作频率较高的空间，且会产生一定的油烟和水汽等，因此在设计过程中需要考虑此空间的光照和通风问题。

（1）采光与照明

大多数户型中厨房都设置了窗户，可将自然光引入室内，但也存在一些无窗或者有窗但采光条件受影响的情况，这样就需要进行整体空间的光环境设计，选配合适的灯具。

● 光环境设计

厨房空间除了需要主要照明，在一些局部操作及储存区域还需设置重点照明，在一些靠墙的位置根据实际需要增加辅助照明。另外，对于橱柜的照明设计，需要考虑操作时的便利性和可视性。

● 灯具的选配及安装

厨房的灯具需要选择具有防雾、防爆功能的产品，安装方式需要结合硬装条件进行设置，需考虑日后灯具的更换和维修问题。

（2） 通风与采暖

通常来说，厨房空间需要有窗户来保证空气的流通，从而带走厨房空间产生的水汽，另外也可以防止厨房内滋生细菌、异味泛滥等问题。对于没有窗或者有窗但通风条件受影响的情况，就需要在厨房对外的墙面或者吊顶上设置通风口，并利用通风设备协助其进行气流的流通。

另外，夏季时，一般厨房空间较为闷热，如果不予解决，就会影响做饭时的体验感，因此在通风设备的选配上，可以考虑安装厨房空调、凉霸、壁挂风扇或者排气扇等设备。对于油烟的抽离，需要安装吸力较大、功能较好的抽油烟机产品。而对于冬季采暖问题，可以根据实际情况进行地暖铺设、安装暖气片等。

5. 智能化设计

厨房的智能化设备要求实用、方便、安全，表 4-4 列举了厨房空间智能化设备及设计的相关要点。

表 4-4　厨房空间智能化设计要点

名称、功能及相关要点	设备图示
智能烟雾报警器在有烟雾时会发出相关警报，可第一时间发送通知到相关人员或触动喷淋	
无线监控摄像头，家人可以通过 APP 进行远程监控及对话，对有老人或小孩的家庭较为实用	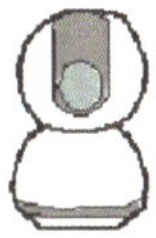
紧急安全报警按钮，遇到紧急情况可以一键报警	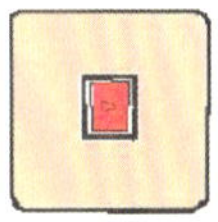
智能插座有定时、预约、APP 控制等功能	
燃气报警器监测到空气中的泄漏燃气时对会自动报警	
各种智能化电器，可根据实际需求来选配	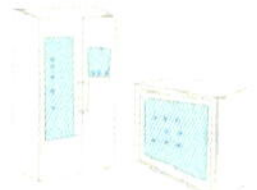

6. 材质选择与色彩运用

因为厨房所产生的油烟和水汽较多，所以在选择材质的时候，需要重点考量材料的性能，防潮、防霉、防滑是需要考量的基本要点。图 4-48 是厨房材料选择的参考。

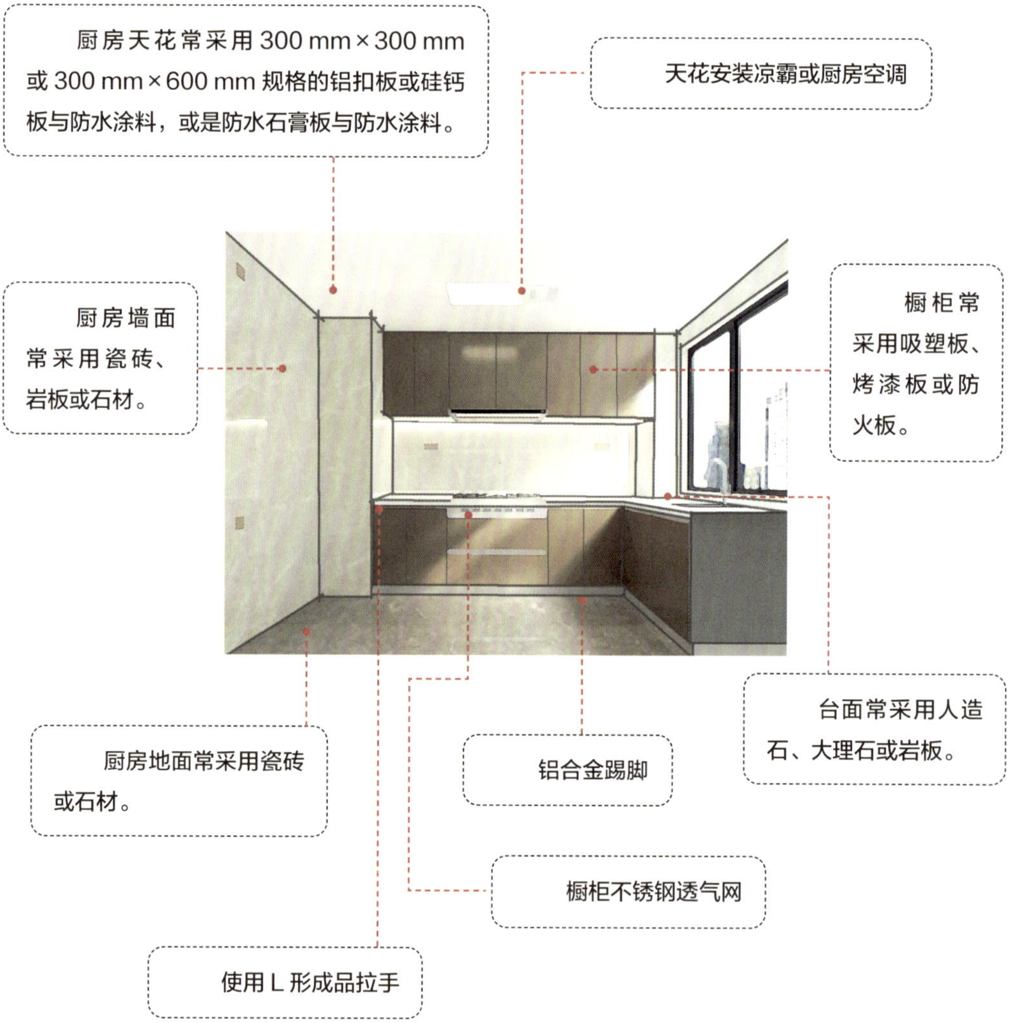

图 4-48　厨房材料应用参考

7. 人性化设计要点概括分析

表 4-5 是对于厨房区域人性化设计的一些要点概括。

表 4-5　厨房人性化要点概括

功能及相关要点	设备图示
厨房台面插座选配带有开关的五孔插座，这样只需按下开关即可轻松实现通电、断电功能	
操作台面高度在 820~850 mm，吊柜底部与台面距离在 650~700 mm 之间，更方便操作	
橱柜台面采用一体式设计，靠人侧设止水边，靠墙侧设挡水条，可有效防止溢水，保持厨房干净整洁	
冰箱电源使用单独回路，出去旅行时关闭其余回路也不用担心冰箱里的食物	
水槽配置可抽拉式水龙头，便可多角度、全方位清洗水槽或较大物品	
厨房配置凉霸，夏天炒菜时可开启凉霸送风模式，炒菜不再汗流浃背，让做饭也成为一种享受	
燃气灶下增设金属成品透气口，可以有效散热	
厨房预留燃气报警插座，方便安装燃气报警器，为居家安全提供多份保障	
水槽下配备净水器，从源头保证饮水安全	
橱柜配置阻尼拉篮，可以降低冲击力，阻尼铰链在用力关门时也会轻柔关闭，更安静	

8. 相关设计参考

（1）地柜设计参考

如图 4-49 图示，地柜可以设置窄拉篮内格，充分利用收纳空间；抽屉分隔宜“上小下大”，便于查看和拿取物品；地柜靠边的细小位置可以设置竖向窄拉篮，提高空间利用率。

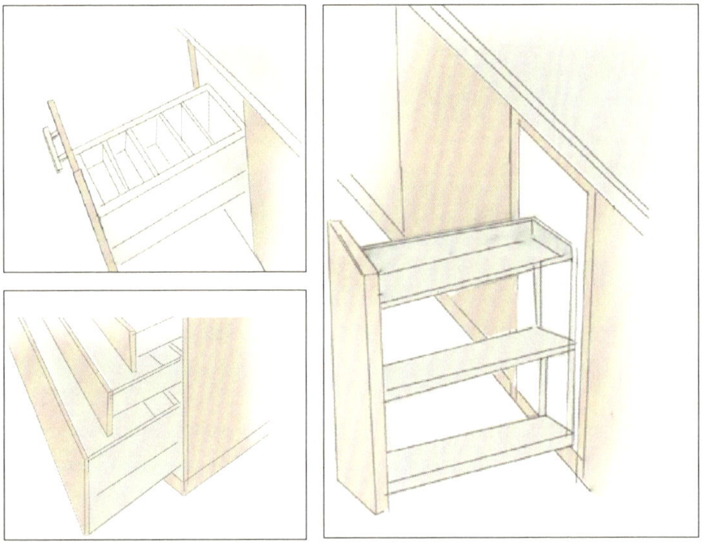

图 4-49　厨房地柜的设计参考

（2）中部柜设计参考

如图 4-50 图示，中部柜区域适当采用沥水架的收纳形式，便于物品保持干燥，拿取物品也更加方便。

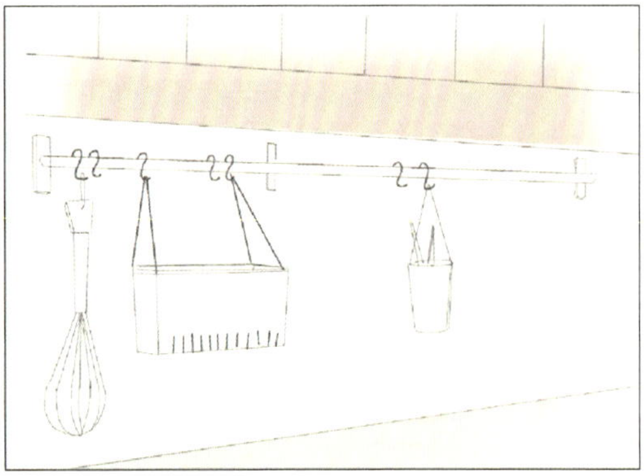

图 4-50　厨房中部柜的设计参考

（3）吊柜设计参考

如图 4-51 图示，吊柜的形式并不局限于封闭式的收纳方式，可以结合层板、开放格和玻璃柜门等，使用起来更加便利。

图 4-51　厨房吊柜的设计参考

（4）高柜设计参考

如图 4-52 图示，高柜的收纳方式，需通过合理的设计，将柜体的所有空间都有效利用上。

图 4-52　厨房高柜的设计参考

（5）转角柜设计参考

转角柜的空间往往难以有效利用，如图 4-53 和图 4-54 所示的做法，应尽可能利用上转角柜的所有空间。

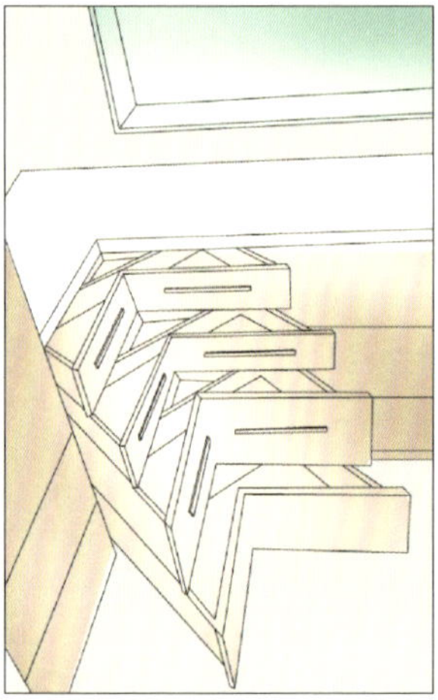

图 4-53　转角地柜的设计参考

图 4-54　转角柜的整体设计参考

第 3 节　客餐厅

客餐厅空间是日常起居、休闲、会客等的主要区域，也是家居空间的集中展示区，在设计时，要充分考虑居住的便利性和使用的舒适性。

接下来，将从 6 个方面展开介绍客餐厅的精细化设计。

1. 功能和布局形式分析

（1）客餐厅区域的功能分析

客餐厅空间主要包含以下三大功能区：客厅、餐厅、休闲区，而休闲区往往还囊括了亲子活动区、品茗区、开放工作阅览区等功能区，可以根据家庭的实际需求和户型条件进行设置。

（2）客餐厅区域的布局形式分析

客餐厅的布局形式多种多样，一般需要依据户型条件进行功能的分配和布局的划分。

另外，现在人们的生活方式和居家需求也有所改变，因此，很多家庭的客餐厅布局已经区别于传统的布局形式，更加注重家庭的互动交流性和空间的共享性。

图 4-55~ 图 4-59 是一些常见的客餐厅布局形式。

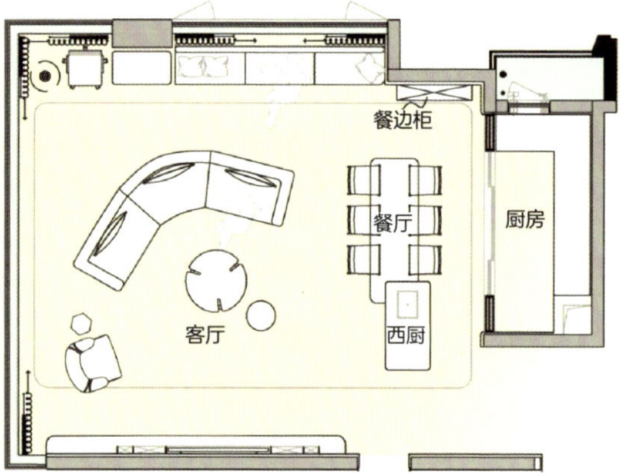

图 4-55　横厅的布局形式

横厅布局形式适用于进深和开间都较大且户型较为方正的空间，综合分析如下。

特点：横厅的布局形式可以实现更好的交流互动，空间内可以形成洄游动线，空间更加开敞，同时也能更好地欣赏室外景观。较好的采光和通风条件也使得舒适性更高。

多功能横厅布局形式适用于进深和开间都较大且户型较为方正的空间，综合分析如下。

特点：横厅布局形式较好的交流互动格局和洄游动线，多功能的布局形式更加具备灵活性。可以根据需求和时间的推移，满足亲子活动空间、工作阅览空间、家庭娱乐空间等不同家庭成员的需求。

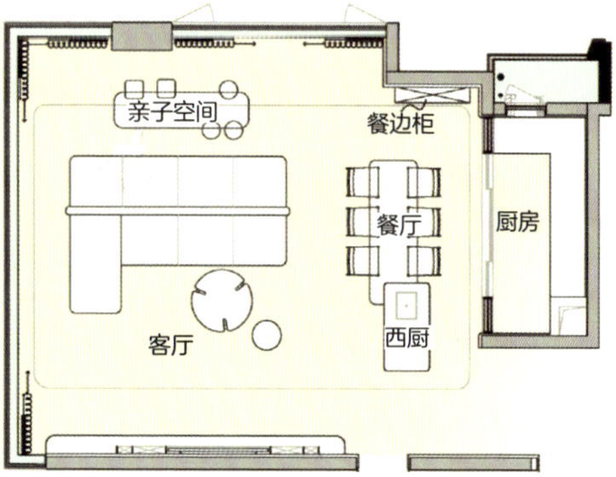

图 4-56　多功能横厅的布局形式

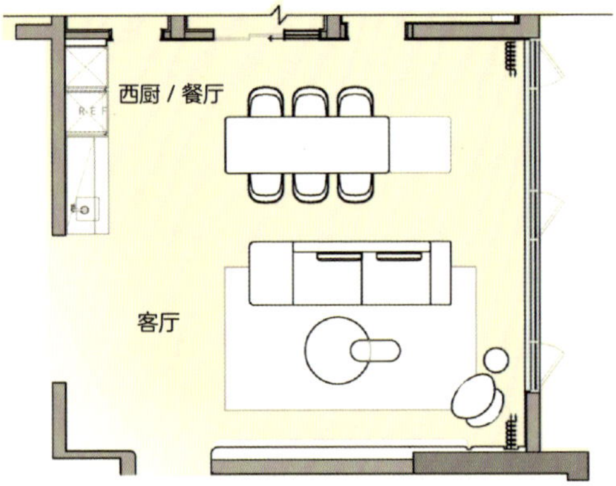

图 4-57　LDK 一体横厅的布局形式

LDK 一体横厅布局形式适用于进深和开间都较大且户型较为方正、有开放式厨房要求的空间，综合分析如下：

特点：除具备横厅的布局优点外，进一步增强空间的交流互动性。它不仅具备传统的封闭厨房功能，还设置开放式西厨区，达到 LDK 一体化的布局形式，社交体验感也随之增强。

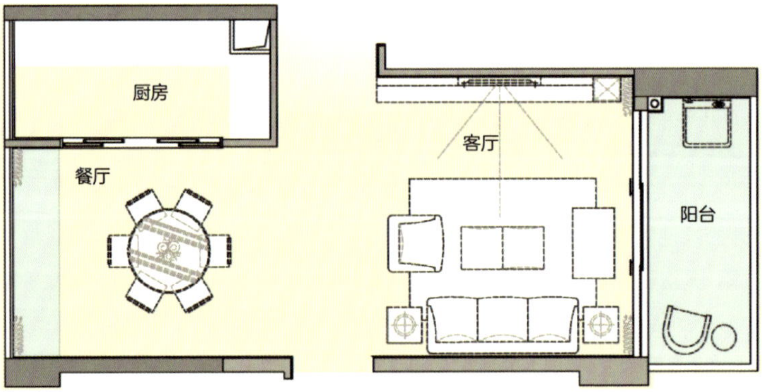

一字形竖厅布局形式适用于进深较大、开间较小的户型空间，综合分析如下：

特点：一字形竖厅形式是现在较为常见的布局形式，利用较大的进深，将餐厨区与客厅区分别设置在空间的两端，区域之间较为独立，但也有一定的局促感，动线较为单一，常见于中小户型当中。

图 4-58　一字形竖厅的布局形式

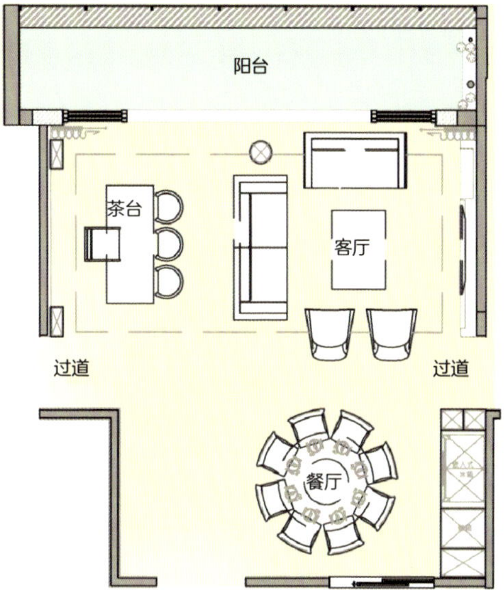

图 4-59　横竖厅结合的布局形式

横竖厅结合的布局形式适用于空间面积较大、开间和进深较大的户型。

特点：横竖厅结合的形式，既使得每个功能区相对独立，又不乏交流互动功能，适于居家，也适于招待客人、亲友欢聚等场景，舒适性较高。

2. 人体工程学应用

客餐厅的布局形式多种多样，在进行设计时，需要结合空间的尺度要求和功能需求。图 4-60~ 图 4-64 介绍了客餐厅内符合人体工程学的相关尺寸。

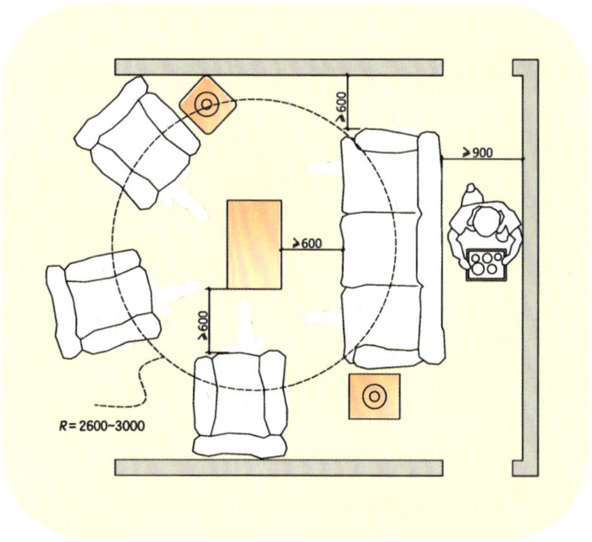

图 4-60　客厅人体工程学尺度分析一

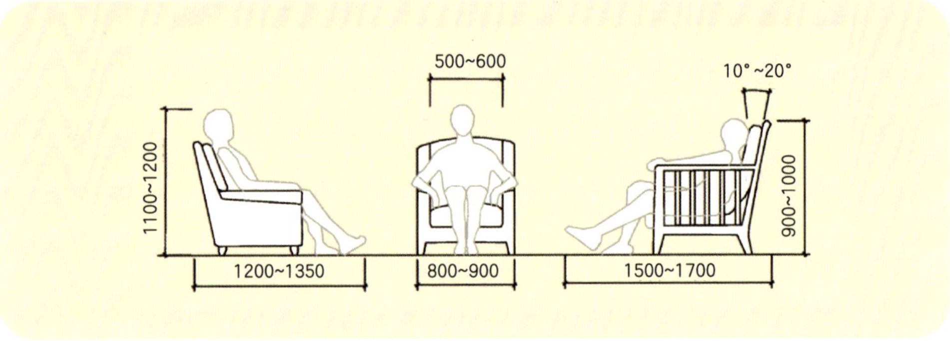

图 4-61　客厅人体工程学尺度分析二

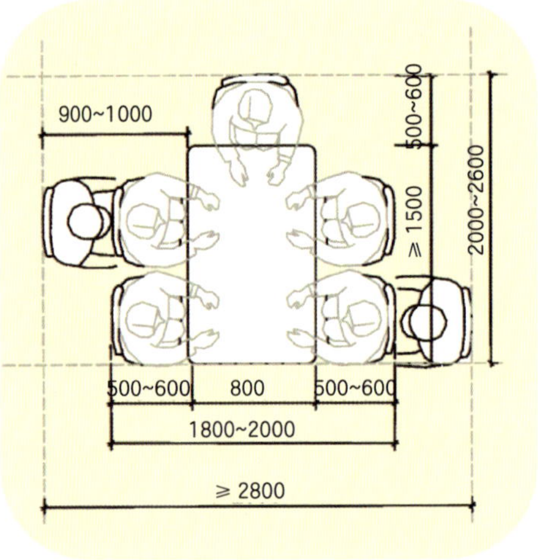

图 4-62　餐厅人体工程学尺度分析一

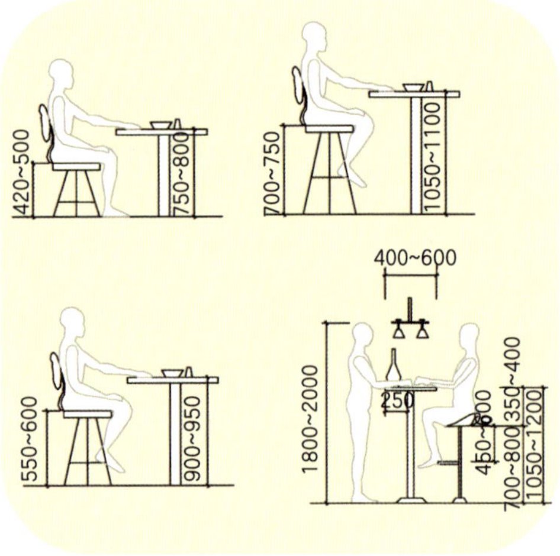

图 4-63　餐厅人体工程学尺度分析二

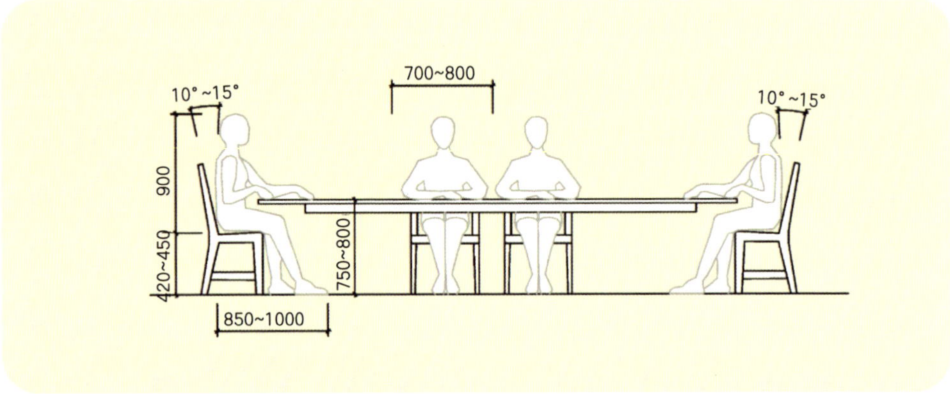

图 4-64　餐厅人体工程学尺度分析三

表 4-6 列举了客餐厅常见的家具尺寸。

表 4-6　客餐厅常见家具尺寸

品类	长度（mm）	宽度（mm）	品类	长度（mm）	宽度（mm）
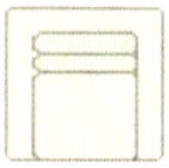 单人沙发	700~1000	650~950	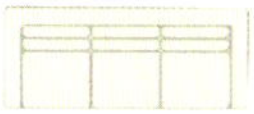 三人沙发	1800~2400	900~1000
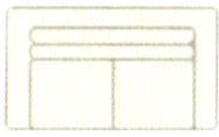 双人沙发	1500~1900	900~1000	 转角沙发	1600~3200	1600~1900
 脚踏	600~800	600~800	 贵妃榻	1600~2100	650~800
长茶几	1200~1500	600~800	 边柜	600~800	600~800
 方茶几	1000~1200	1000~1200	 电视柜	1500~2500	350~500
 圆茶几	直径 650~1200		 椅	450~600	450~600
 方桌	1500~1800	800~1000	 圆桌	直径 1200~1500	

3. 收纳设计分析

客餐厅是家庭的活动中心，同时也是家庭的形象中心，其收纳设计除满足一定的物品收纳要求外，还需注重其展示功能。

（1）客厅收纳设计分析

一般来说，客厅区域不建议占用过多空间进行收纳设计，尤其不建议在此空间做太满的柜子，可以根据客厅设置的功能区进行相应的收纳设计，例如亲子活动区只需设计玩具、文具等物品的收纳空间，品茗区只需设置茶叶和茶具的收纳空间。

如图 4-65~ 图 4-68 所示，以客厅空间为例，对客厅空间的收纳设计进行分析。

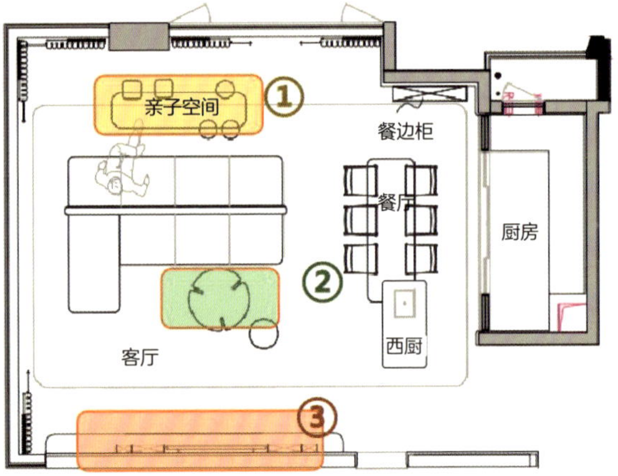

①可以将亲子活动时所需的玩具、文具等收纳在桌子底部，具体做法可以参考图 4-66。

②可以将客厅区域的一些小物件，例如遥控器、充电线、纸巾等收纳在茶几位置，具体做法可以参考图 4-67。

③客厅背景墙的位置可以设置矮柜进行收纳，同时结合展示功能一体打造，但不建议做满墙柜子，具体做法可以参考图 4-68。

图 4-65　客厅收纳设计分析

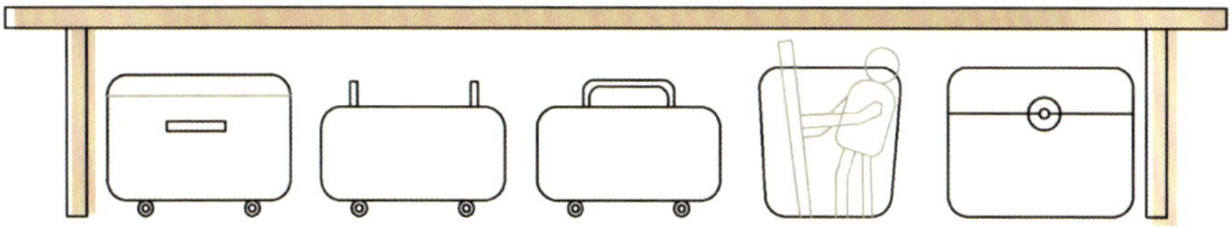

图 4-66　亲子活动区收纳设计参考

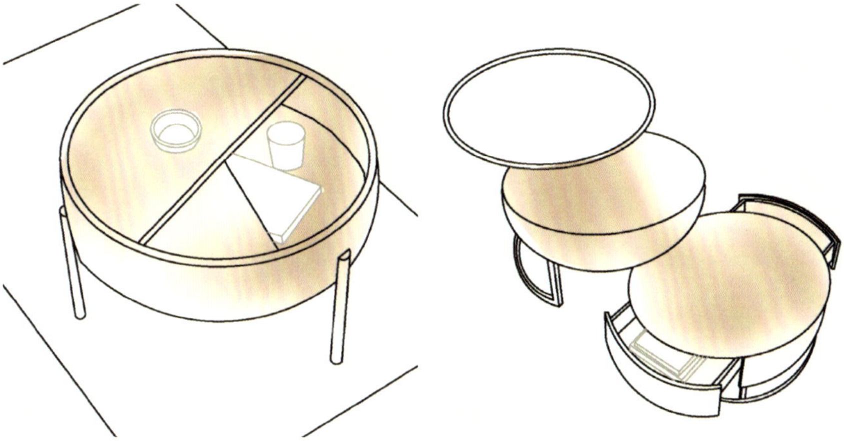

图 4-67　沙发区收纳设计参考

图 4-68　背景墙收纳设计参考

（2）餐厅收纳设计分析

餐厅区域通常会设置餐边柜或者酒柜进行收纳，如图 4-69 所示，以餐厅空间为例，对餐厅空间的收纳设计进行分析。

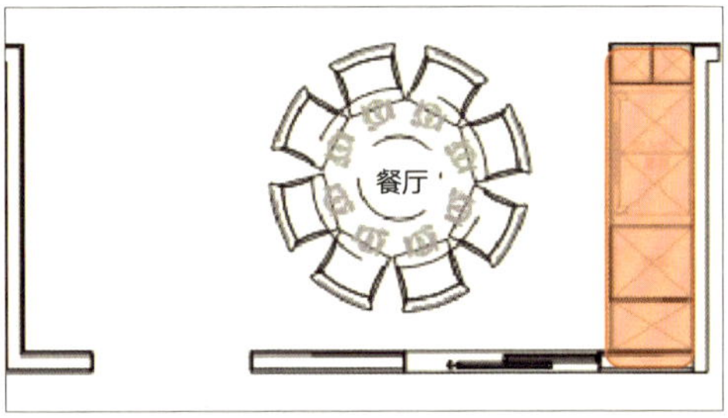

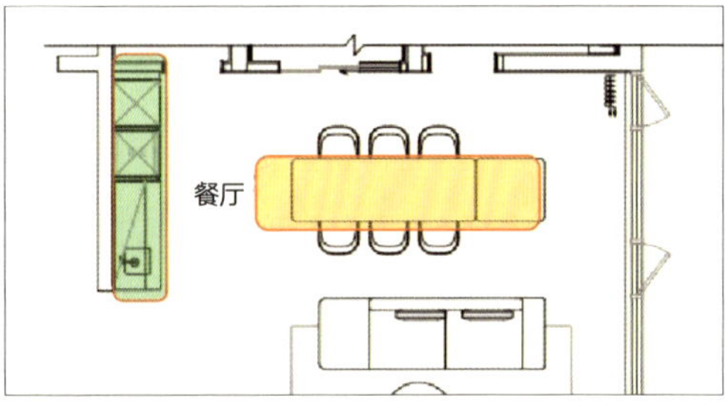

图 4-69　餐厅收纳设计分析

餐厅区域的收纳区一般设置在餐边柜和中岛台等区域，常见的收纳方式包括：隐藏式收纳、开放式收纳、展示性收纳，如图 4-70~ 图 4-73 所示。

图 4-70 是一种常见于餐边柜的隐藏式的收纳设计，与电器柜、高柜相结合，收纳区设置隐形门或者对开门等。在收纳区内设置层板、台面、抽屉拉篮等，大小物品、备用碗碟和一些茶具酒杯都可收纳在内，平时不使用的时候，把柜门关上，整洁美观。

图 4-70　隐藏式收纳分析

图 4-71　开放式收纳分析

图 4-71 是餐边柜开放式的收纳设计形式，同样可以与高柜、电器柜等结合。柜体设置有层板区、酒架、抽屉拉篮等收纳区，除满足收纳的功能之外，还具有一定的展示功能，同时也方便日常的使用和操作。

图 4-72 是具有展示功能的餐边柜的设计形式，同样可以与高柜、电器柜等结合。可设置层板收纳，根据实际需求设置层板的高度，或者预设层板粒，在日常使用过程中适时调节层板的高度，还可以在层板处安装 LED 灯条，烘托区域氛围。

图 4-72　展示性收纳分析

图 4-73 是中岛台收纳的设计形式参考，可以充分利用岛台底部的空间，设置浅抽屉和抽屉拉篮，用于收纳调料、餐具等，既可满足较大的收纳需求，又方便日常的使用和拿取，同时，结合中岛台造型做一体设计，也显得非常整齐美观。

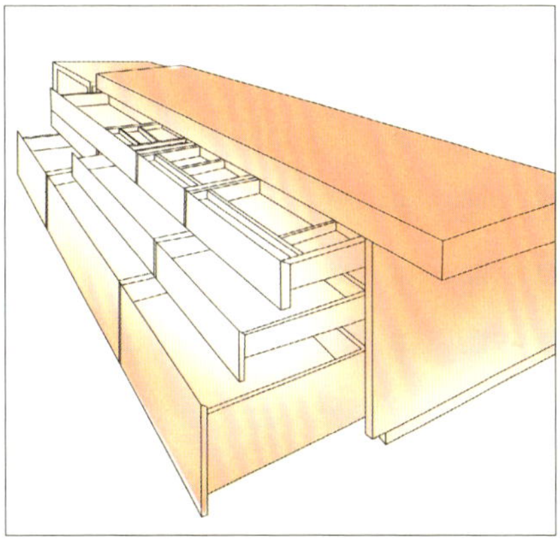

图 4-73　中岛台收纳分析

4. 光照与通风

客餐厅属于家庭中心区域，需要尽可能引入自然光，并需要具备良好的通风条件。

（1）采光与照明

大多数客餐厅区域都与休闲阳台或者景观窗户相邻，因此客餐厅拥有较好的采光面，但有时也因建筑条件的影响，很多户型的客餐厅采光面会受到影响，这就需要根据实际情况优化采光和照明环境。

● 光环境设计

靠近阳台或者临窗区域尽量不要设置遮挡物，客餐厅区域尽量联通设置，让空间更加开敞之余，也能让光线照射进来。除此之外，还可以利用灯具进行辅助照明，解决局部采光不足的情况，最好采用明亮的偏自然光的灯具，更加舒适。这些需要根据实际情况和户型大小进行相应的灯光设计。

● 灯具的选配及安装

应选择防眩光、防雾、防爆、耐用、易更换的灯具，主照明灯具建议选择漫反射的照明方式，局部照明可以使用筒灯或可调节角度的射灯。另外，座位顶上尽量不要设置筒灯和射灯，以免给人带来心理上的干扰。

（2）通风与采暖

可通过开窗来实现气流的流通，但夏季和冬季就需要借助其他设备，例如空调制冷制热、新风换气等，有些地域冬季需要借助地暖或者暖气片等采暖方式来抵御寒冷。

5. 智能化设计

客餐厅作为家庭生活的重心，其智能化设计需要重点关注安保性、娱乐性、便捷性 3 个方面。为了适用于不同年龄阶段的业主，智能化的操作和使用应该尽量简单易懂。表 4-7 列举了客餐厅区域的一些智能化要点。

表 4-7　客餐厅空间智能化设计要点

名称、功能及相关要点	设备图示	名称、功能及相关要点	设备图示
窗户附近安装吸顶式无线人体红外探头，可检测人体活动、非法入侵，以便及时报警		智能窗帘可使用遥控器控制开闭，方便又省力	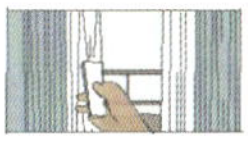
无线监控摄像头，家人可以通过 APP 进行远程监控及对话，对有老人或小孩的家庭较为实用	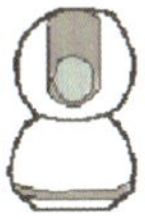	智能空气检测器可以不定时检测室内环境空气的质量	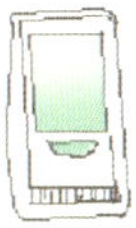
紧急安全报警按钮，遇到紧急情况可以一键报警，建议安装在沙发区附近	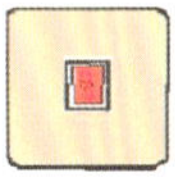	智能插座可以控制电器的使用，包括定时、控温、运行等	
智能开关面板，可以调节客餐厅氛围模式，实现智能场景切换	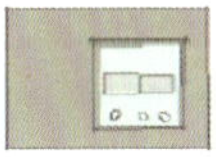	智能扫地机器人等各种智能化产品，可根据实际需求来选配	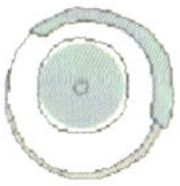
门磁报警器一般用于监测门、窗、抽屉等可能涉及人身或贵重物品的安全保护机制是否被打开或移动，大多安装在阳台或门窗一侧	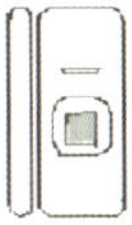	—	—

6. 人性化设计要点

表 4-8 是对于客餐厅区域人性化设计的一些要点概括。

表 4-8　客餐厅人性化设计要点概括

功能及相关要点	设备图示	功能及相关要点	设备图示
餐桌边预留备用插座，吃火锅或者进行其他家庭活动时，方便使用电源	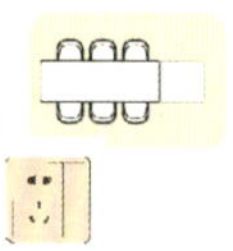	在一些局部照明位置，可以选用 LED 灯带，还可以配合手扫、声控、光控等形式进行设计，优化空间氛围	
餐桌旁或者沙发旁可以设置 USB 插座，只需要一根电源适配线就可以进行充电，非常方便		在客餐厅区域的一些艺术品或摆件处，设置可调节角度的射灯进行重点照明，更能强调艺术感	
在硬装阶段，结合客餐厅区域的天花设计隐藏式窗帘盒，以便后期整体空间更加美观		客餐厅区域可采用中央空调，较低的机器运转声以及较美观的做法，更加符合现代居住要求	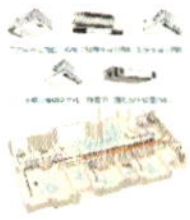
窗户可选用双层中空玻璃，不但降噪效果显著，而且隔热保暖效果也不错	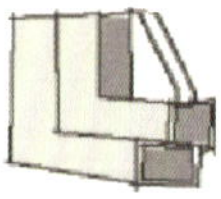	如果灯具采用双控或多控设置，可以结合智能化设计，手机或者远程也能控制开关	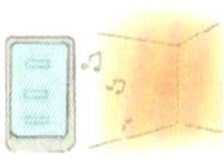

第 4 节 卫生间

卫生间是住宅中重要的功能空间。随着社会的发展，人们对卫生间的功能需求越来越多元，但卫生间内的空间一般比较狭小，能利用的空间也比较有限，这就需要在设计时细致考虑业主的各项需求，充分利用空间。

接下来，将从 7 个方面展开介绍卫生间的精细化设计。

1. 功能和布局形式分析

（1）卫生间区域的功能分析

一般来说，卫生间的功能需求包括盥洗、洗浴、更衣、便溺、储藏和家政功能，每个功能模块都较为独立，因此在设计的过程中，要避免各个功能区域之间的相互干扰，从而提升空间的使用价值。

● **盥洗功能区**

如图 4-74 所示，盥洗功能区一般由台盆区、台盆柜、镜柜等模块组成，兼具洗漱、梳妆、收纳等功能，属于干区，因此在设计和产品选配时，需要考虑在进行洗漱或洗手时是否便利及防溅湿问题，还要利用有限的空间，实现生活用品的合理收纳 。

图 4-74 盥洗区示意

● 洗浴功能区

图 4-75　洗浴区示意

如图 4-75 所示，洗浴功能区一般包括淋浴和浴缸功能，另外还要考虑该区域洗浴用品的拿取便利性。这一区域属于湿区，所以在设计过程中，除了考虑涉水区域的防滑性和尺度关系等，还要考虑内部水汽与外部的交换及其带来的影响等问题。

● 更衣功能区

图 4-76　更衣区示意

当洗浴完成需要更衣时，往往需要一个相对干燥、方便挂取干净衣物的空间。如图 4-76 所示，因为洗浴功能区属于湿区，不便挂放干净的衣物，洗浴后空间内水汽较多，会有沾湿衣物的可能，所以更衣区需要区别于洗浴区独立设置，且要考虑动线和性能的合理性。

● 便溺功能区

图 4-77　便溺区示意

便溺功能区主要满足家庭日常如厕的需求，属于干区，如图 4-77 所示，可以与其他功能区结合设计，也可以独立设计，可根据空间的条件做合理的安排。

● 储藏功能区

图 4-78　储藏区示意

储藏功能区分布在各个功能区内，不同功能区的物品就近储藏，便于日常的使用和拿放，同时设计时可以更好地利用狭小空间内的碎片区域，如图 4-78 所示。

● 家政功能区

图 4-79　家政区示意

日常生活中，卫生间区域往往还会兼具一定的家政功能，特别是对于一些没有服务阳台的家庭来说，会结合卫生间区域安排洗衣、熨烫衣物和清洗等功能，如图 4-79 所示。

（2）卫生间区域的布局形式分析

在明确了卫生间的功能之后，便可以结合实际情况进行空间布局的设计。一般的商品住宅中，往往会设置两个以上的卫生间，一个是公卫，另一个是主卫。当然，对于不同的户型和不同的家庭情况，卫生间的数量和布局也不尽相同，以下将选取目前常规的卫生间空间进行布局形式的分析：

● 不分区的情况

图 4-80 是三种常见的卫生间不分区布局形式，将卫生间各种功能区集合在同一个空间当中，不做单独的分区，只做简单的干湿分区处理。虽然可以满足日常空间的使用需求，但是利用效率较低，一般不能多人同时使用，这种布局形式用在主卫中相对较为合适，可以规避使用效率的问题。

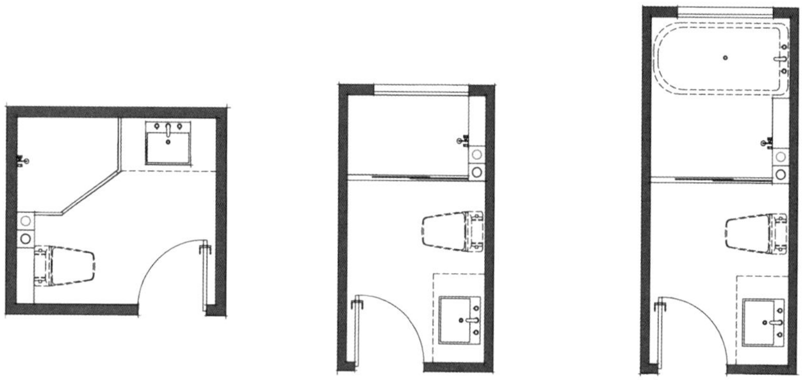

图 4-80　卫生间不分区布局形式

● 分区的情况（干湿分区、各功能分区）

如图 4-81 所示，左图的布局对卫生间做了两部分相对独立的分区，将便溺功能与洗浴功能结合，盥洗功能单独分区，如此一来，可以满足至少两个人同时使用卫生间，使用效率较高。其余两张图片的布局对卫生间做了三部分相对独立的分区，可以满足多个功能区同时使用，使用效率更高。

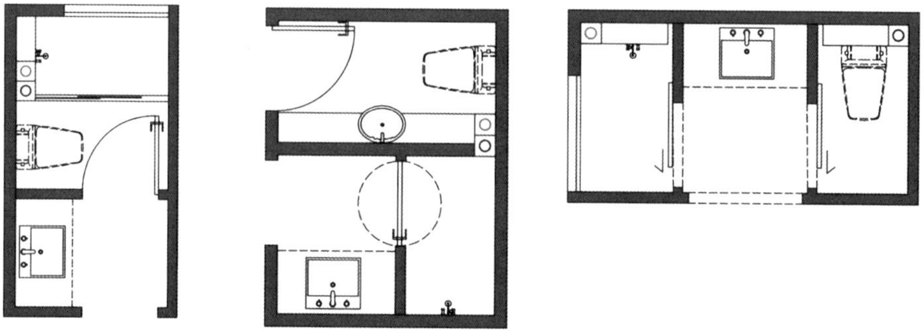

图 4-81　卫生间分区布局形式

2. 人体工程学应用

（1）各功能区尺度要求

一般来说，虽然住宅中卫生间的布局会根据户型和居住情况有所不同，但是每个功能区的尺度要求却有一定的准则。在实际设计中，应当在满足空间尺度要求的前提下，做适当的优化和提升。

图 4-82 是常规的卫生间布局，对于每个区域的尺度要求，可参考如下：

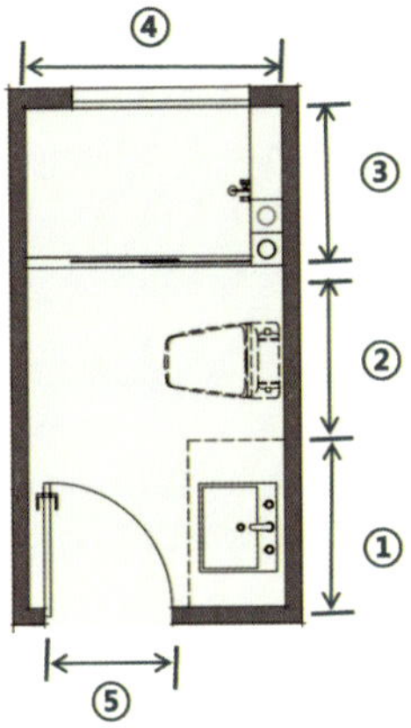

尺寸备注：

① 大于等于 600 mm，

② 大于等于 800 mm，

③ 大于等于 900 mm，

④ 大于等于 1500 mm，

⑤ 大于等于 800 mm。

注：因考虑各年龄阶段的使用需求，④的尺寸应尽量预留 1600 mm 以上，而⑤的尺寸应尽量预留 900 mm。

图 4-82 常规卫生间布局

如图 4-83 和图 4-84 所示，对于独立分区的功能区来说，除了满足功能区本身的尺度，还要考虑使用时动线和操作行为对尺度的要求，确保使用的便利性和合理性，其尺度要求参考如下：

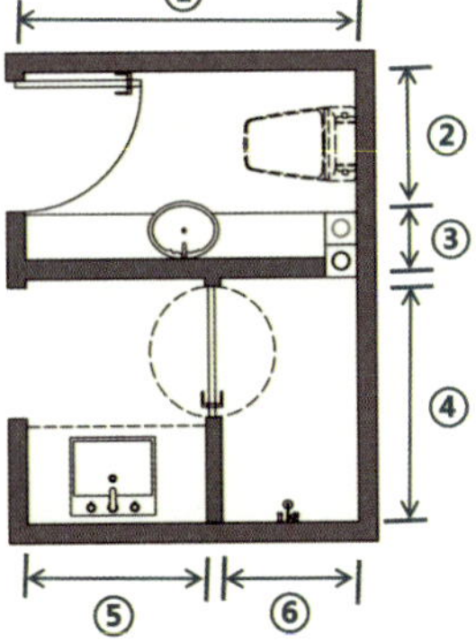

尺寸备注：

① 大于等于 1800 mm，

② 大于等于 900 mm，

③ 大于等于 250 mm，

④ 大于等于 1500 mm，

⑤ 大于等于 900 mm，

⑥ 大于等于 900 mm。

图 4-83 卫生间 T 形分区布局

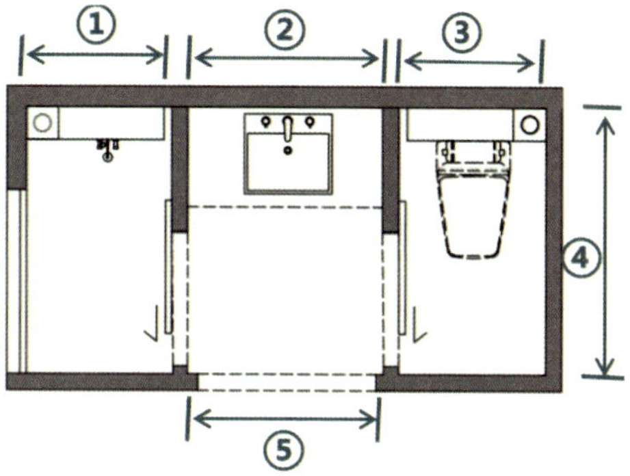

尺寸备注：

① 大于等于 900 mm，

② 大于等于 1200 mm，

③ 大于等于 900 mm，

④ 大于等于 1500 mm，

⑤ 大于等于 1100 mm。

图 4-84　卫生间一字形分区布局

（2）操作最适尺度分析

对于空间的纵向操作尺度，按照人体工程学尺寸，总体可以分为三个跨度，具体如图 4-85 所示。

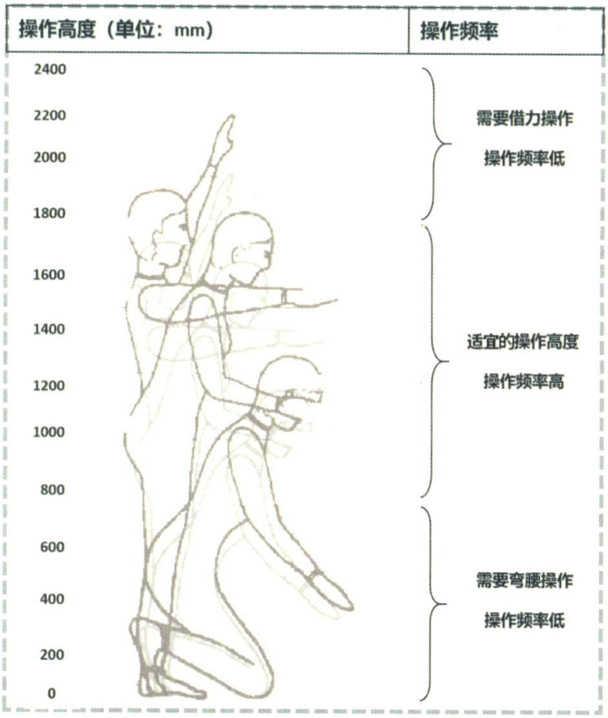

图 4-85　人体操作常规尺度布局

图 4-86 是盥洗区总体尺度的概况，其中，还需要我们考虑更加精细的问题。

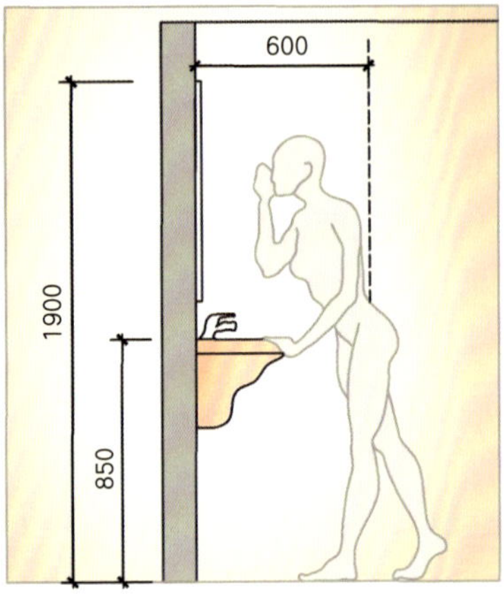

图 4-86　盥洗区尺度的概况

图 4-87 是镜柜设计和安装的注意要点，镜柜的底部离地在 1000 mm 左右为宜，方便人看到自己的上半身；镜柜的门扇以宽 300~400 mm 为佳，避免开门时人需要后退。

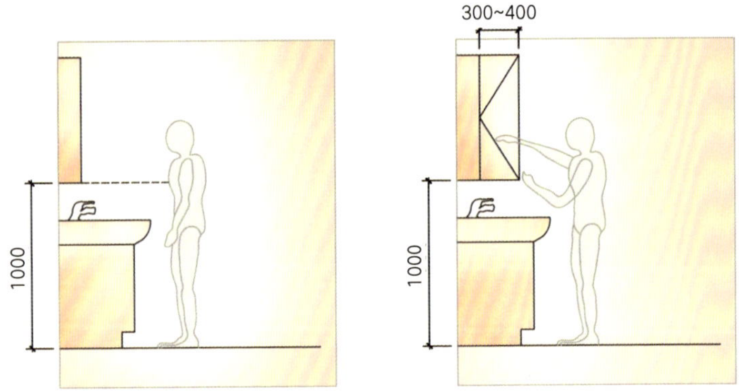

图 4-87　镜柜安装要点

图 4-88　台盆水龙头安装要点

对于台盆水龙头的安装位置，要保证出水口离给水口的距离在 80 mm 以上，以防清洗物品或者洗手时，双手触碰到台盆内部前沿从而影响使用，如图 4-88 所示。

3. 收纳设计分析

卫生间虽然空间较小，但由于其使用频率及使用性质的影响，此空间存在较大的收纳需求，因此，对卫生间进行精细化设计非常有必要。

（1）卫生间物品收纳及储存要求

想要在有限的卫浴空间中实现高效便捷的收纳行为，需要了解这里所要收纳的物品种类及其储藏要求，见表 4-9。

表 4-9　卫生间物品收纳及储藏要求

分类	收纳物品	储藏要求
盥洗、化妆用品	护肤品、化妆品、牙膏、牙刷、梳子等	此类物品的使用频率较高，且一般在洗手池附近或镜子前使用，因此一般放在洗手池旁边台面上或镜柜内等拿取方便的位置
	吹风机、剃须刀等小电器	此类小电器应放置在接近插座和镜子的位置，以便使用，例如镜柜内
沐浴用品	洗发水、沐浴露、香皂等洗护用品	应在沐浴区专门设置储物架或者壁龛来放置此类物品，方便沐浴时直接取用
	浴花、浴帽、澡巾等	此类物品应放置在淋浴区附近且不易被水溅湿的区域
清洁工具	扫帚、拖把、皮搋子等工具	应该放置在不易看到的角落空间以免影响美观，并应储存在便于清洁、避免来回搬动的位置
	洁厕剂、消毒水、洗衣粉等	此类物品在存放时应注意放置在儿童不易发现和拿取的地方

续表 4-9

分类	收纳物品	储藏要求
卫生纸等物品	手纸	手纸架应设置在坐便器侧前方
	备用手纸、母婴用品等	此类物品体积较大、重量较轻，需要较大的空间来储藏，以便于整包存放
毛巾	常用毛巾及浴巾	在洗手池旁边和淋浴区附近为常用毛巾设置充足的挂放毛巾区域
	备用毛巾及浴巾	为避免沐浴时忘记带毛巾的尴尬，应在卫生间内设置放备用毛巾及浴巾的位置，并且应保证这类物品不被水溅湿
衣物	干净衣物	沐浴后需更换的干净衣服，因此应有一定的位置来放置，且方便沐浴后拿取
	换洗衣物	沐浴后换下的脏衣物需要一定的空间来暂放，可以考虑在洗衣机附近设置篮筐，有条件的可将衣物洁污分区放置
	电熨斗等杂物	应放置在家政区域，如果没有家政间的话，应放置在洗衣机附近，最好设有专门的架子或台面以便操作

（2）卫生间物品储存位置分配

图 4-89 以收纳场景为例，对卫生间物品收纳位置的分配进行分析。

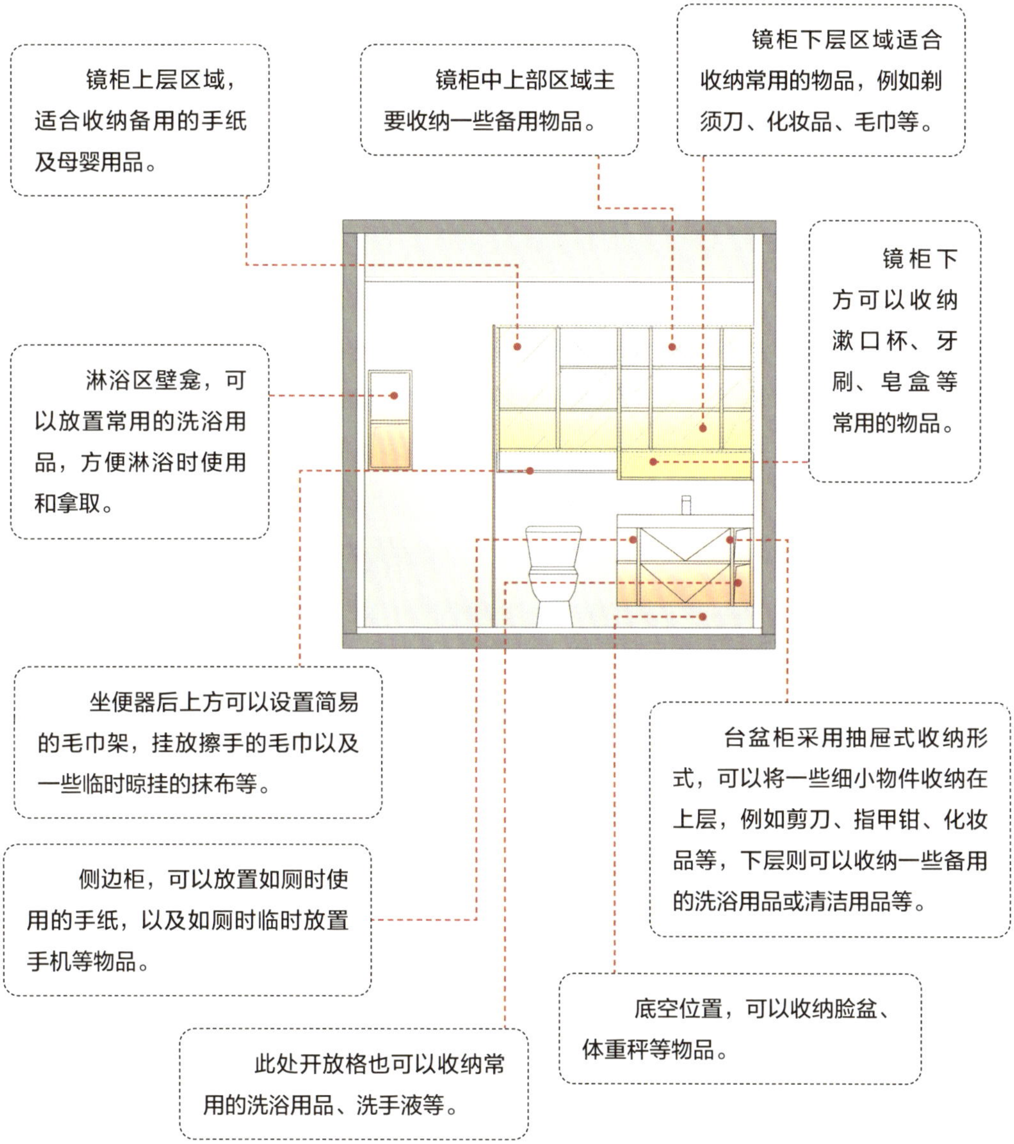

图 4-89　卫生间物品储存位置分配

4. 光照与通风

卫生间通常水汽相对较多，且空间往往较为狭小。因此，良好的光照和通风条件非常重要。

（1）采光与照明

大多数卫浴空间都设置了明窗，可以直接实现对外通风和采光，但受到建筑条件等因素的影响，有些即使有明窗，采光和通风效果也比较差，甚至有些户型的卫浴空间是没有窗的，例如北方的一些住宅和公寓户型，这会从视觉上和心理上对业主造成一定的不便，因此，需要进行优化。

● 光环境设计

卫生间应该经常保持窗户打开的状态，让自然光可以照射进来，同时让气流带走一定的水汽和气味，防止细菌滋生。卫生间的照明条件，其亮度要满足照亮全空间的程度，除了主照明，还要在坐便器上方安装辅助照明，另外，还需要安装镜前灯，方便洗漱、化妆等日常活动。

● 灯具的选配及安装

卫生间的灯具需要选择具有防雾、防水、防爆功能的产品，在镜柜等区域还可以安装隐形灯带或感应灯带，既优化氛围，又能辅助照明。

（2）通风与采暖

除自然通风外，卫生间应设置排气扇来进行日常的换气及排气。目前市面上多数风暖浴霸具有换气、吹风、取暖、照明等多种功能设置，受到市场的欢迎。而对于一些北方的住户，可以通过安装暖气片等方式来进行取暖。

5. 智能化设计

卫生间的智能化设计，主要以实用为主，并且要满足各年龄阶段人群的使用习惯和要求，表 4-10 列举了卫浴空间的一些智能化设计要点。

表 4-10　卫浴空间智能化设计要点

名称、功能及相关要点	设备图示
安装智能坐便器，方便如厕清洁，并且要预留好防溅电源	
智能毛巾架可以对毛巾和衣物进行消毒烘干	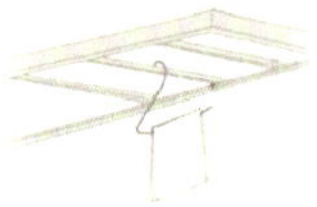
紧急安全报警按钮，遇到紧急情况实现一键报警	
智能风暖浴霸可以通过遥控或 APP 控制	
智能感应洗手液能提高使用时的便利性	
安装智能魔镜，可以检测皮肤状况、提示保养策略等	

6. 人性化设计要点

表 4-11 是关于卫生间人性化设计的一些要点概括。

表 4-11　卫浴空间人性化设计要点概括

功能及相关要点	设备图示	功能及相关要点	设备图示
安装带收纳功能的镜柜，既能起到收纳作用，又不乏美观性	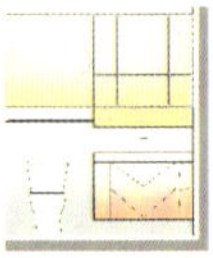	卫浴空间的插座需要安装防溅盒，防止水汽溅湿，减少安全隐患	
淋浴区结合硬装条件设置壁龛，方便沐浴时物品的暂存和拿取，同时也显得美观大气		在适当的墙面位置预留智能毛巾架的电源，并安装防溅盒	
坐便器旁边预留智能坐便器插座，方便智能坐便器的安装或日后的升级	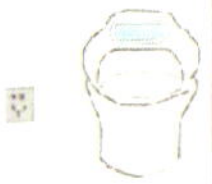	在靠近坐便器的台盆柜一侧，可以设置为开放式侧柜，以便如厕时手机及手纸的暂存	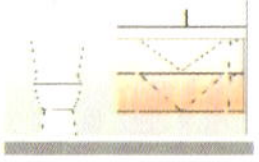
如果淋浴区采用折叠门的安装形式，建议选用多联动的折叠门，空间的收放更灵活		卫浴空间的门槛石可以做叠级处理，消除高低差，又有一定的挡水作用，同时门套落在门槛石上，防止霉变	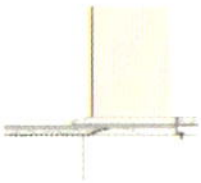
卫浴空间的地面需要选用防滑砖或石材，淋浴区位置最好做拉槽或其他二次防滑的处理	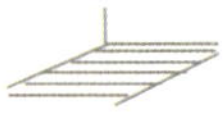	台盆柜底部适当留空，可收纳脸盆、脚凳或者体重秤等物品	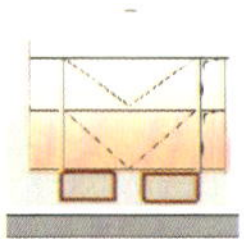
风暖浴霸的安装，可以满足照明、换气、取暖等多种功能需求，比传统排气扇更实用		镜柜内要预留小电器使用的电源插座以及灯带接线点，台盆区要安装等电位端子箱防漏电	

7. 相关设计参考

图 4-90 和图 4-91 是两个卫浴空间的收纳设计参考。

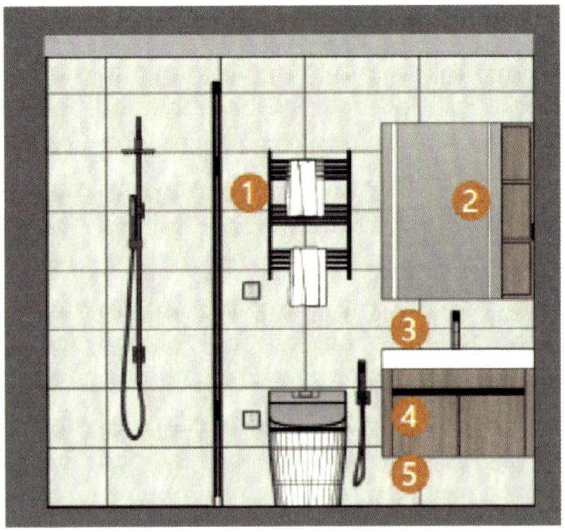

①墙面收纳：智能毛巾架，
②镜柜收纳：封闭收纳和开放收纳，
③台面收纳：可加设置物架，
④台盆柜收纳：抽屉收纳和内部层板收纳，
⑤地面收纳：柜体底空收纳。

图 4-90　卫浴空间收纳设计参考一

①备用手纸、母婴用品，
②小电器等，
③常用物品，
④展示品、香薰等，
⑤化妆品等常用物品，
⑥手表、项链暂存等，
⑦墙排防臭下水器，
⑧备用洗浴用品，
⑨手纸、置物龛，
⑩清洁用品等。

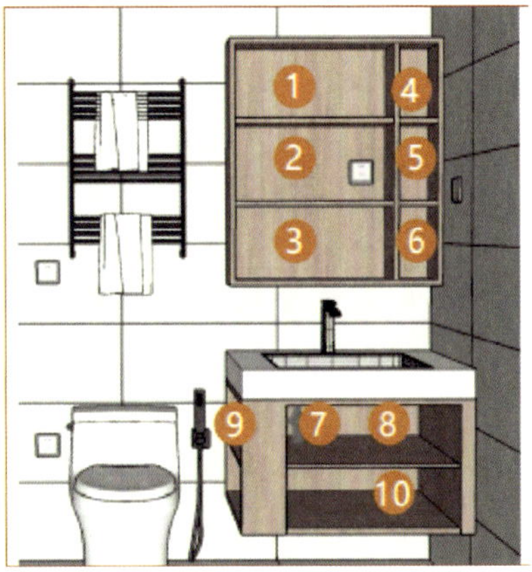

图 4-91　卫浴空间收纳设计参考二

第 5 节 卧室

卧室空间属于私密空间，主要供人们休息、更衣，有时也会兼顾其他功能，例如工作阅览、休闲放松等，可根据户型条件和居住需求进行个性化的设计。

接下来，将从 6 个方面展开介绍卧室的精细化设计。

1. 功能和布局形式分析

（1）卧室区域的功能分析

如图 4-92 所示，一般来说，卧室的功能需求包括睡眠、衣帽收纳、阅览休闲等主要功能，每个功能模块都较为独立，但又可以相互结合，因此在设计过程中，要结合实际情况合理利用空间。

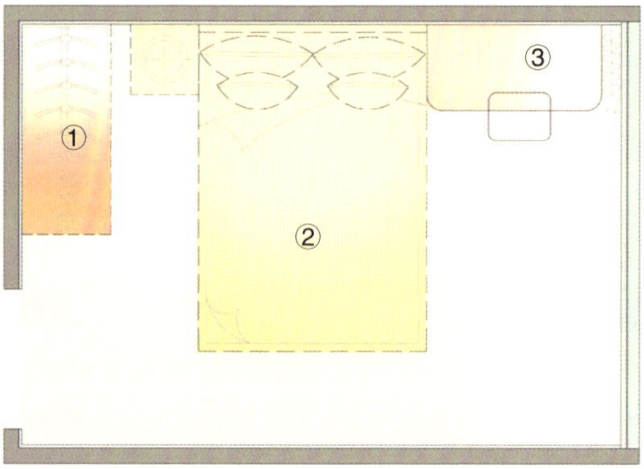

① 衣帽区：根据空间条件，可以设置衣帽柜或者衣帽间。

② 睡眠区：一般由床和床头柜组成，在开间允许的情况下还可以设置床尾凳等。

③ 阅览休闲区：可以设置书桌，既能置物又方便工作或阅览，还可以根据空间条件设置阳光角、摆放休闲椅等。

图 4-92　卧室空间功能分析

（2）卧室空间的布局形式分析

卧室的基本布局形式，在满足基本功能之外，可以做一些灵活的变通。以下，通过对几种常见的卧室形式的分析，解析其尺度关系，如图 4-93~ 图 4-95 所示。

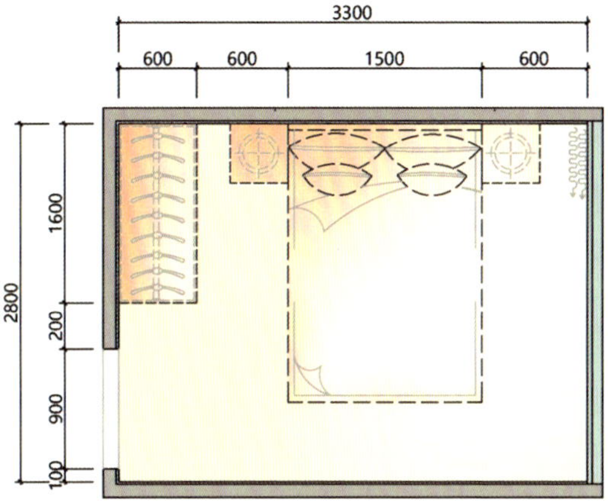

尺度要求：开间为 2800~3100 mm，进深为 3300~3600 mm。

特点：带衣柜的卧室布局形式，属于较为经济的住宅布局形式，可以在有限空间内实现卧室的主要功能，但是空间会显得相对局促。

图 4-93　带衣柜的卧室布局形式分析

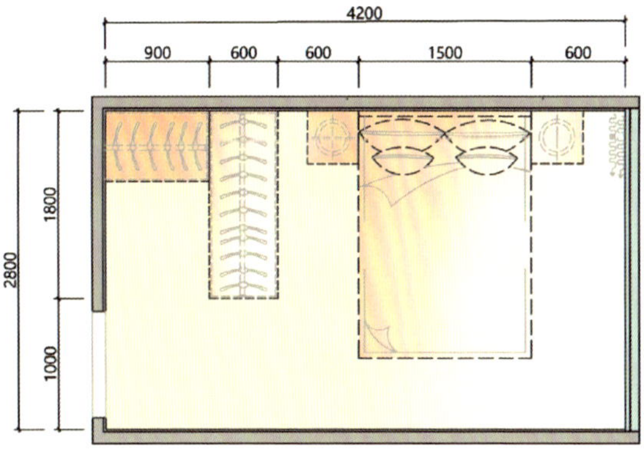

尺度要求：开间为 2800~3100 mm，进深为 4200~4500 mm。

特点：带 L 形衣帽间的卧室布局形式，相对来说使用起来更加便利和舒适，可以设有独立的衣帽空间以便对卧室的物品进行专门分类的收纳。

图 4-94　带 L 形衣帽间的卧室布局形式分析

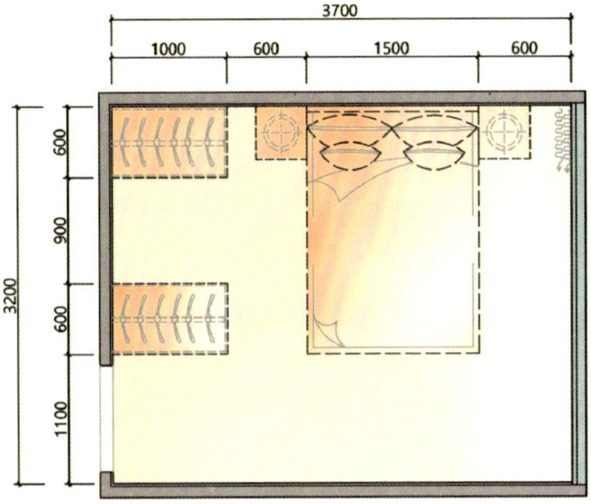

图 4-95　带二字形衣帽间的卧室布局形式分析

尺度要求：开间为 3200~3500 mm，进深为 3700~4000 mm。

特点：带二字形衣帽间的卧室布局形式，便捷性和舒适度也较高，适合较为方正的卧室，衣帽区与卧室其他区域的互动性也会增强，更加开敞大气。

2. 人体工程学应用

对于卧室空间的人体工程学原理应用，除明确空间的尺度关系外，还需要根据人的最佳操作尺度和动线，对卧室内的家具进行设计，如图 4-96 所示，以衣柜为例，对其涉及的人体工程学尺寸做相关介绍。

图 4-96　衣帽柜的人体工程学分析

高度在 650 mm 以下：

①放置行李箱、储物箱、储物篓等物品。

②放置折叠衣物，宜采用抽屉。

高度为 650~1200 mm：

③放置折叠衣物、小件衣物等，宜采用小格和小抽屉等。

④宜挂放短、中长的衣物（700~1000 mm）。

高度为 1200~1800 mm：

⑤宜挂长衣物（1000~1500 mm）。

⑥放置包、帽子、储物箱等，储物格的高度宜在 300~400 mm。

⑦宜挂中长的衣物（800~1000mm）。

高度在 1800 mm 以上：

⑧放置被褥、枕头等重量轻、体积大的不常用物品。

3. 收纳设计分析

卧室空间的主要收纳区域在衣柜内，除此之外，床头柜和书桌等区域也可以起到一定的收纳作用，以下进行具体的分析。

（1）卧室物品收纳位置分析

① 衣柜：收纳衣物、被褥等。

② 床头柜：收纳一些小物件，例如：药品、手表、闹钟、书刊、水杯等。

③ 书桌：收纳书籍、台灯、电子产品等。

④ 边柜：收纳小件衣物、饰品、藏品等。

⑤ 电视柜：收纳电子产品、展示品、书刊等。

⑥ 床箱（如有）：可以收纳换季被褥和衣物。

⑦ 书柜（展示柜）：可以收纳摆件、书籍等。

（2） 卧室衣物收纳及储存要求

表 4-12 是对于卧室衣物收纳及其储存要求的具体分析。

表 4-12　卧室空间收纳设计要点

分类	收纳物品	储藏要求	收纳种类及尺寸参考
较长的外套	羽绒服	当季使用时，这类衣物需要悬挂，过季后部分可抽真空折叠放置在高部柜或床箱处。在较为寒冷的地域，要考虑冬季外套使用时间长、存放空间大的情况，需要设置更多收纳的空间	羽绒服的储存长度一般在 800~1500 mm
	大衣、风衣	和羽绒服的储藏方式大体相同，但也需要根据衣物的质地具体处理	大衣、风衣的储存长度一般在 900~1500 mm
较短的外套	棉衣、夹克	当季使用时，宜悬挂收纳，方便搭配和拿取，过季后部分质地特殊的外套，比如皮夹克仍需悬挂存放，而棉质夹克和棉衣可以折叠收纳	夹克、棉衣的储存长度一般为 800~1000 mm

续表 4-12

分类	收纳物品	储藏要求	收纳种类及尺寸参考
正装	西服	这类衣物需要悬挂收纳，不常穿的需要加保护防尘套，再悬挂起来	单件西服上衣的储存长度一般为 800~900 mm，套装悬挂时的储存长度一般为 1000~1100 mm
裙装	连衣裙	裙装一般需要悬挂收纳，方便挑选之余，也防止产生褶皱，换季时可折叠收纳	连衣裙的储存长度一般为 1100~1500 mm
	半身裙	半身长裙收纳方式同连衣裙，半身短裙可以专门设置一个悬挂区域，因其长度较短，可与其他长衣分开悬挂，以便更有效地利用空间	半身裙的储存长度一般为 600~900 mm
裤装	高档面料裤	高档面料裤装一般需悬挂收纳，防止产生褶皱，可用裤抽的形式收纳	裤装的储存长度一般为 600~1100 mm
	休闲裤	休闲裤装可悬挂，也可以折叠收纳	
袜子	各类袜子	因为数量和种类较多，且有时容易找不到另一只，所以袜子适合两只一起卷起成团收纳在浅抽屉或者细分柜格中，方便拿取	—
内衣	内裤	内裤适合叠放在浅抽屉或者细分柜格中	—
	内衣	应避免女士内衣受压，建议叠放或分类收纳在细分柜格中	—
床品	被子	被子因为体积较大，所以一般叠放或者抽真空后加套收纳在高柜或者床箱中	—
	床单、被套、枕套	叠放后体积小，且经常更换，建议收纳在中部柜的柜格中，方便拿取	—
	枕头等	一般摆放或者抽真空后加套收纳在高柜或床箱中	—
	凉席	收纳长度较大，一般卷起竖放在柜体的适当位置	—
	电热毯	电热毯通常可叠放，收纳在高柜或床箱中	—

（3）卧室衣物储存位置分配

如图 4-97 和图 4-98 所示，以衣柜设计方案为例，对衣物储存位置做相应分析。

高部柜体适合收纳体积大、不常用的换季衣物和被褥。

中上部柜体可以收纳叠放的衣物、帽子、包包等。

这个位置可以设置保险箱或者带锁的抽屉，放置贵重物品。

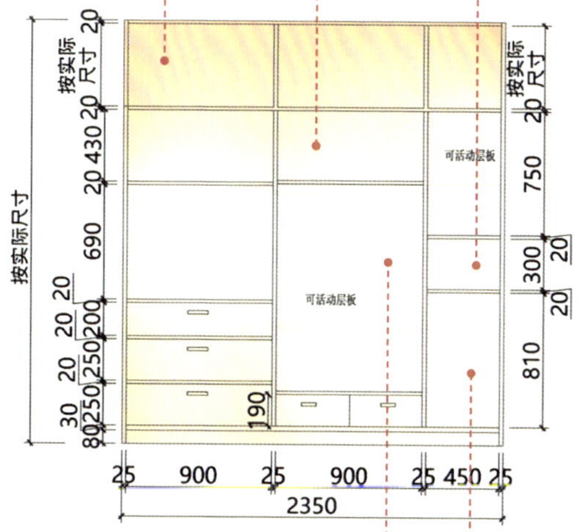

这里设置挂衣区，可以结合活动层板灵活控制空间高度，从而提升空间利用率。底部设置层板和浅抽屉，既能起到进一步置物作用，又能利用抽屉收纳小件换季物品等。

这个位置可以设置裤抽。

图 4-97　卧室衣物储存位置分配示例

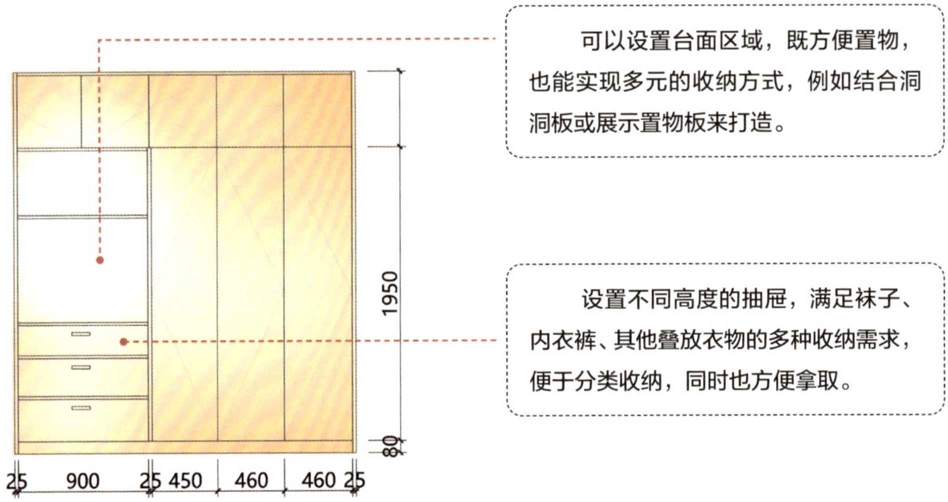

图 4-98　衣柜设计要点示意

4. 光照与通风

卧室主要用来提供休息、睡眠环境，照明方式宜采用柔光照明，尽量利用自然光进行室内光线的补充，需有明窗进行通风换气、采光、观景。

（1）采光与照明

现在很多户型的卧室，特别是主卧，都配备了观景阳台或落地窗。一般来说，白天的采光都可以；而对于夜晚照明，主要考虑泛光照明和重点照明相结合。

卧室的主灯尽量避免使用较大型或者较重的吊灯，以吸顶灯为宜。如果选用无主灯的照明形式，尽量避开灯具在床头处。在局部需要辅助照明的地方，可增设落地灯、壁灯、筒灯和灯带，灯具需要具有防眩、防爆功能。

（2）通风与采暖

卧室经常需要进行自然通风，使室内空气流通，避免被褥滋生细菌和螨虫，也可利用电器设备进行辅助通风采暖，例如铺设采暖设施或电器辅助，多以中央空调、挂机或柜机空调、新风系统、水暖、电暖等方式，或者利用市面上其他的家居产品进行补足。

5. 智能化设计

卧室的智能化设备应以实用、方便、安全为主，表 4-13 列举了卧室空间智能化设备及设计的相关要点。

表 4-13　卧室智能化设计要点

功能及相关要点	设备图示
使用智能化电器，例如智能影音设备等	
智能场景模式可以给卧室带来更多的氛围享受	
紧急安全报警按钮，安装在床头旁，遇到紧急情况可以一键报警	
设置智能化窗帘，用遥控器或者 APP 控制	
智能背景音乐帮助放松心情	
智能开关可以实现一键多控	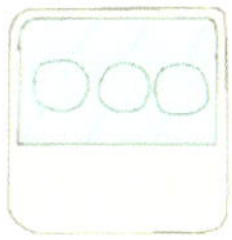

6. 人性化设计要点

图 4-99 列举了卧室空间的一些人性化设计要点。

- **人性化设计要点**
  - **卧室功能需求**
    - ① 应保证有足够的天然采光、良好的对流通风条件。
    - ② 对私密性要求高，不受其他房间活动的影响，同时避免室内外视线干扰。
    - ③ 要避免床头正对窗，以防光线直接射入眼睛。
    - ④ 考虑到有躺在床上读书看报及喝茶吃零食的需求，要求手中物品有就近可放的地方。
    - ⑤ 有在床上打电话、上网、玩游戏及充电等需求。
    - ⑥小面积开间应满足摆放 1500 mm × 2000 mm 的双人床，放一个宽 450 mm 的电视柜，并留出 600 mm 以上的通行宽度。
    - ⑦ 应该设有睡前挂衣物和放置床罩等床上用品的家具。
    - ⑧ 若家中有新生儿，则应考虑主卧是否可以临时改变家具布置，靠主床放下一张婴儿床不影响其他家具的正常使用（需考虑妨碍衣柜门开启，通道过窄不能通行的问题。）
    - ⑨ 应当有较好的视野景观。
    - ⑩ 应用材料和色调避免冷峻和艳丽。
    - ⑪ 需要做好分户墙的隔声处理。
    - ⑫ 至少设置一组双控灯。
    - ⑬ 应设置足够的电源插座、网络接口等，满足日常功能需求。
  - **设备需求**
    - **空调**
      - ① 放置外机时，要注意其位置和住宅外立面的关系，以及和内机位置的关系。
      - ② 应考虑内机与外机间的管线联系，预留孔洞应高于 2300 mm，不影响孔洞下方家具摆放，风口不可正对床，特别是床头的位置，并综合考虑室内美观性。
    - **窗帘**
      - ① 安装智能窗帘可以方便起居，预留窗帘的位置时，要考虑到窗帘双轨的宽度，一般在 200 mm 宽。
      - ② 窗帘的位置不可和空调内机或风口的位置发生冲突。
    - **灯具**
      - ① 选择灯具时，其亮度最好可调，方便不同场景和时段使用。
      - ② 除天花灯具之外，还可以选配落地灯、台灯等灯具供局部区域使用，墙面距地 300 mm 高处，可以安装感应小夜灯，方便起夜时候照明。
    - **开关**
      - ① 开关的高度一般距离地面 1300 mm，需要根据实际情况而定。
      - ② 儿童房和长辈房，需要区别设计，可设置在距离地面 1000 mm 左右。
      - ③ 尽量选择带夜光功能且按键较大的开关。
    - **插座**
      - ① 插座的选择可以根据场景功能不同而进行相应调整，例如床头可以选用带 USB 功能的插座。
      - ② 墙面宽度有限而又需设置插座的位置，可将五孔插座换成七孔插座。

图 4-99　卧室人性化设计要点分析

第 6 节　阳台

阳台一般分为休闲阳台和生活阳台。休闲阳台往往可以与客餐厅区域衔接，形成一个较好的采光面及休闲观景空间，其设计形式多种多样。而生活阳台则主要以家政功能为主，下面将从 5 个方面重点展开生活阳台的精细化设计分析。

1. 功能和布局形式分析

（1）生活阳台区域的功能分析

以较为常见的户型为例，生活阳台常常与厨房连接，如图 4-100 所示。如果条件允许，那么尽量将生活阳台独立设置，这样可以避免与其他空间形成动线或使用上的干扰。

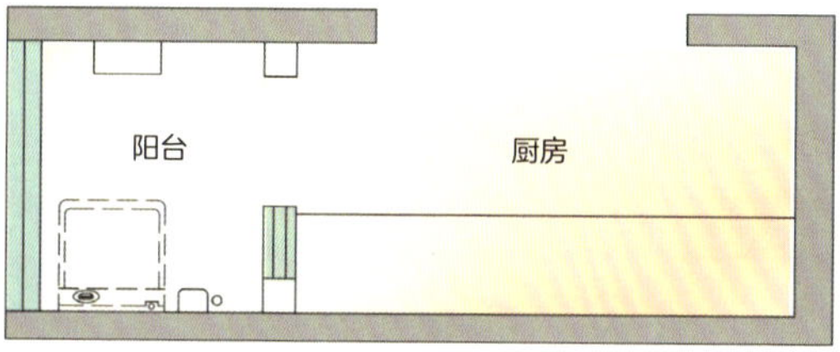

图 4-100　生活阳台常见户型

在此区域安装热水器和燃气表等需要注意尺寸和位置，如图 4-101 所示。

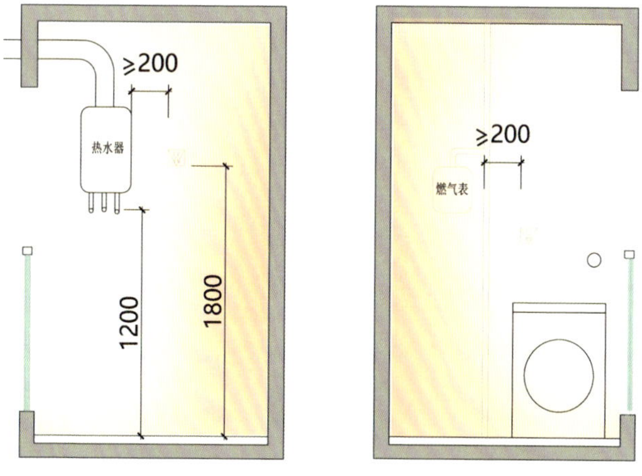

注意事项：

① 热水器周围不能存放易燃、易爆物品；热水器与燃气表、燃气灶的水平净距离不得小于 0.3 m；热水器的上部不得有电力明线。电器设备与易燃物、热水器与电器设备的水平净距应大于 0.3 m，其周围应有不小于 0.2 m 的安全间距；热水器不要密封在吊柜内。

② 热水器观火口离地面高度在 1.55~1.68 m 之间，特殊情况（住宅结构问题）上述范围还可适当放宽。

③ 地柜（含洗衣机）应充分考虑洗衣机厚度及预留尺寸，确保洗衣机安装后嵌入美观。

图 4-101　生活阳台设备安装注意事项

（2）生活阳台区域的布局形式分析

根据建筑条件的约束，生活阳台的布局也会有所不同，图 4-102~ 图 4-107 列举出 6 种不同的布局形式。

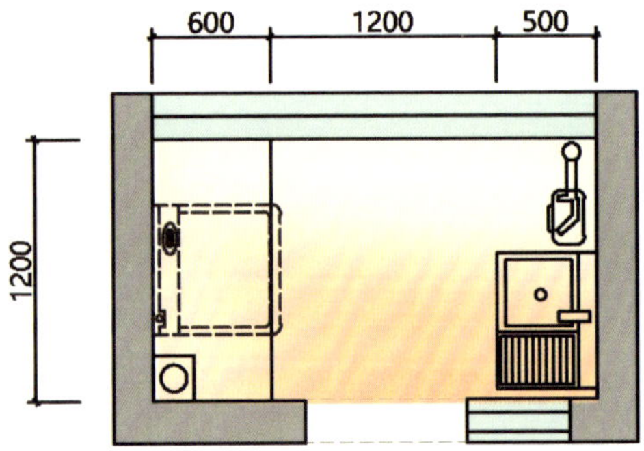

图 4-102　生活阳台布局形式分析一

尺度要求：开间为 2300~2400 mm，进深为 1200~1350 mm。

特点：呈一字形布局，将洗衣机、台盆和燃气表各置一侧，空间比较狭窄，适合进深较小的阳台空间。

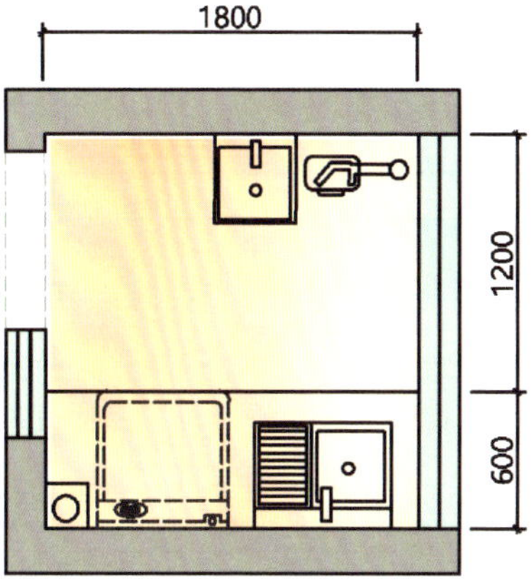

图 4-103　生活阳台布局形式分析二

尺度要求：开间大于或等于 1800 mm，进深大于或等于 1800 mm。

特点：布局形式要求空间较为方正，台盆和洗衣机放在一起，可以设置一体化家政柜，增加便利性。对面一侧放置燃气表和拖把池，使用起来更便利。

尺度要求：开间大于或等于 2100 mm，进深大于或等于 1800 mm。

特点：空间进深和开间都较大，呈长方形，几乎可以将所有功能安排在同一侧，还可以做成一整排较实用的家政柜。

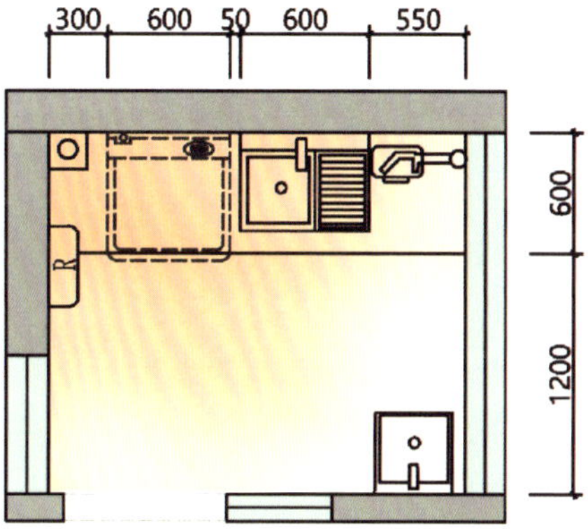

图 4-104　生活阳台布局形式分析三

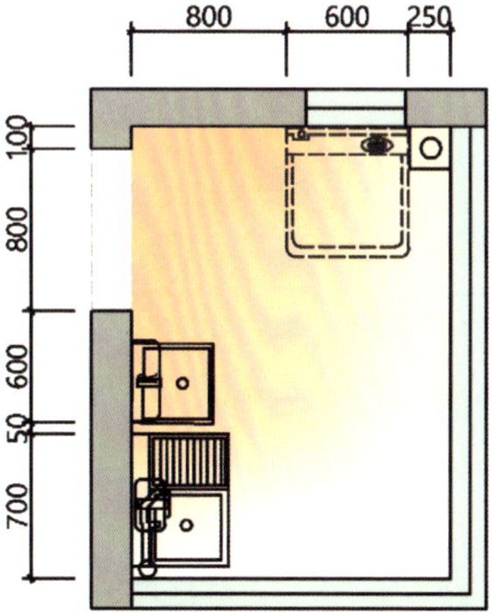

图 4-105　生活阳台布局形式分析四

尺度要求：开间大于或等于 2250 mm，进深大于或等于 1650 mm。

特点：此类空间虽开间不小，但可利用的墙面有限，晾晒条件较好。

尺度要求：开间大于或等于 3450 mm，进深大于或等于 1500 mm。

特点：此空间三面都是窗户或者护栏，只能将所有家政功能安排在同一侧，阳台区域适合设置成晾晒区。

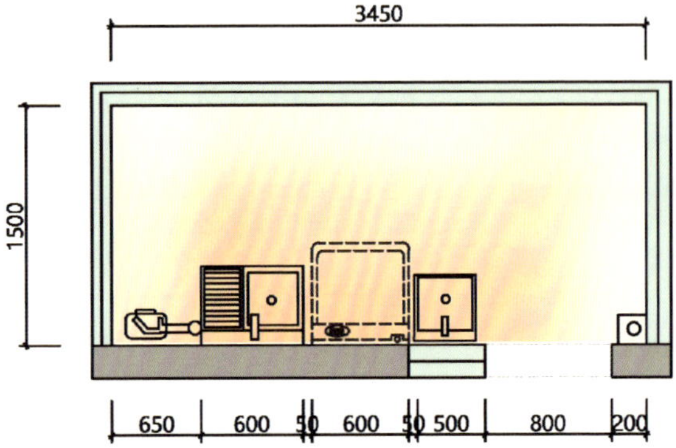

图 4-106 生活阳台布局形式分析五

尺度要求：开间大于或等于 1500 mm，进深大于或等于 1500 mm。

特点：此类生活阳台与设备平台连接，空间较为局促，功能无法完全实现。

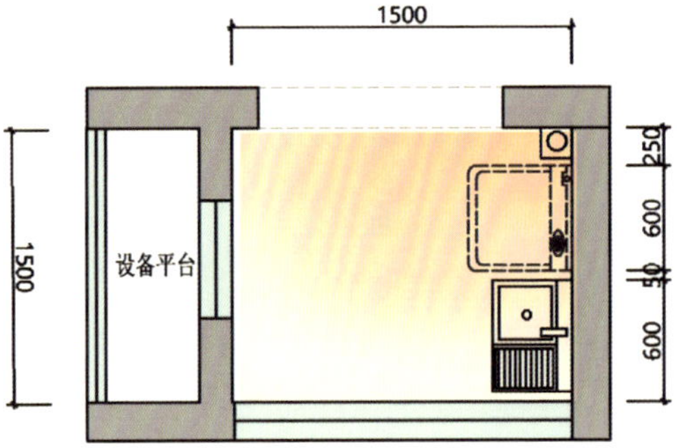

图 4-107 生活阳台布局形式分析六

2. 人体工程学应用

生活阳台的人体工程学分析应满足使用时的便捷性和舒适性要求，在进行家政活动时，可以较为舒适地进行各种操作。如图 4-108 所示，家政柜和台盆使用的尺寸是根据人体工程学原理制定的。

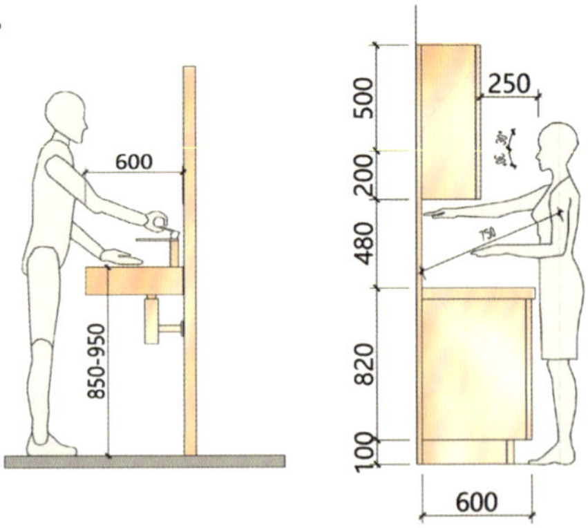

图 4-108 生活阳台人体工程学分析

图 4-109 是对在生活阳台手洗及机洗衣服时的行为分析。

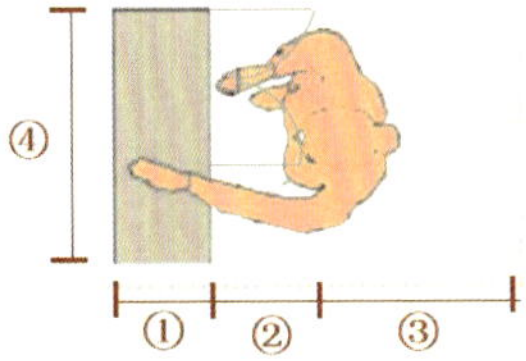

打开杂物柜对开门：
① 350 mm，
② 450 mm，
③ 大于等于 400 mm，
④ 1500 mm。

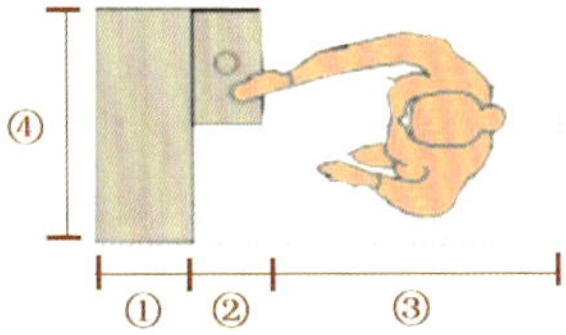

拉开杂物柜的抽屉：
① 350 mm，
② 320 mm，
③ 大于等于 700 mm，
④ 1500 mm。

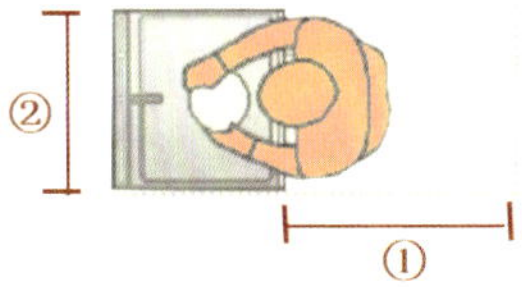

站在水池边清洗物品：
① 大于等于 450 mm，
② 大于等于 600 mm。

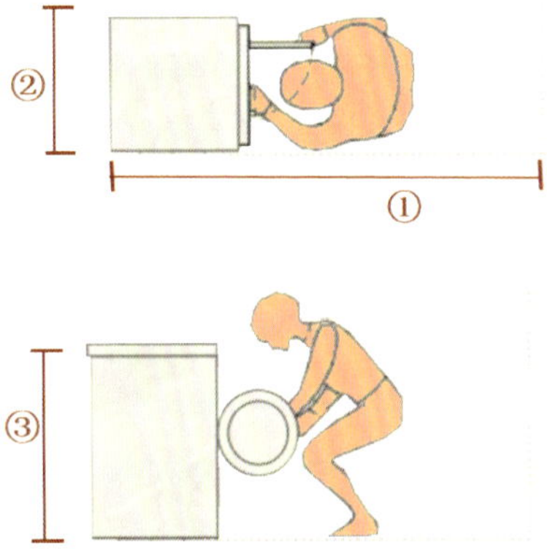

使用滚筒洗衣机洗衣服：
① 大于等于 1500 mm，
② 600 mm，
③ 850 mm。

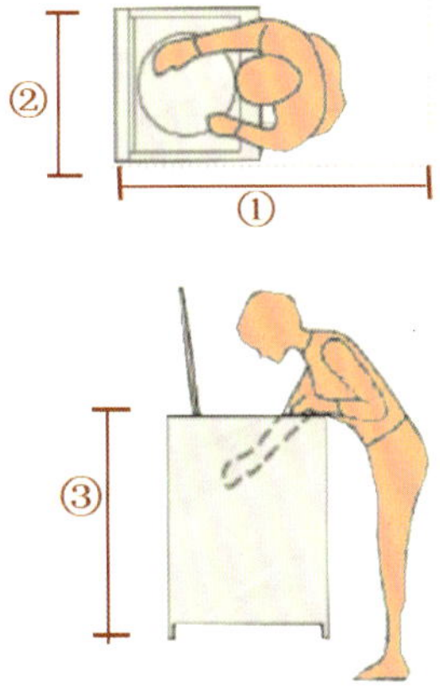

使用波轮洗衣机洗衣服：
① 大于等于 1050 mm，
② 600 mm，
③ 850 mm。

图 4-109　生活阳台行为分析

安装洗衣机时，如需嵌入式安装，则需要注意预留好空间的尺寸，如图 4-110 所示。

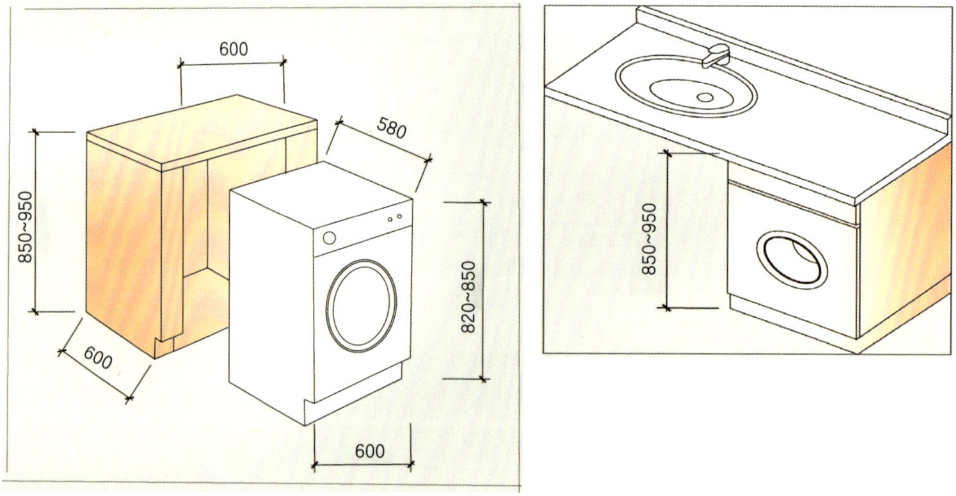

图 4-110　洗衣机安装预留尺寸

另外，还需注意以下两点：洗衣机的排水软管管口不应高于地面 20 cm；安装洗衣机时应注意确保留出足够的位置保证散热，如图 4-111、图 4-112 所示。

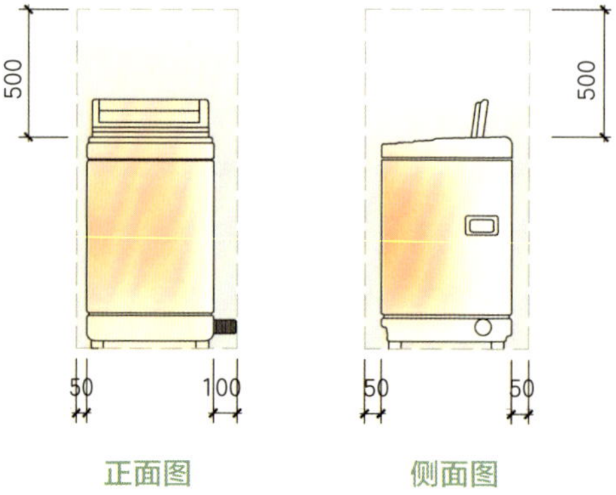

图 4-111　洗衣机嵌入式安装尺度分析一

安装波轮洗衣机时，洗衣机与墙壁或柜体的距离需要预留好：

左边需预留 50 mm 以上，右边需预留 100 mm 以上（排水口方向），前后各需预留 50 mm 以上，上方需预留 500 mm 以上的开盖操作空间。

安装滚筒洗衣机时，洗衣机与墙壁或柜体的距离需要预留好：

左右各需预留 50 mm 以上，上方需预留 100 mm 以上，后方需预留 10 mm 以上，前方开放以供开盖操作。

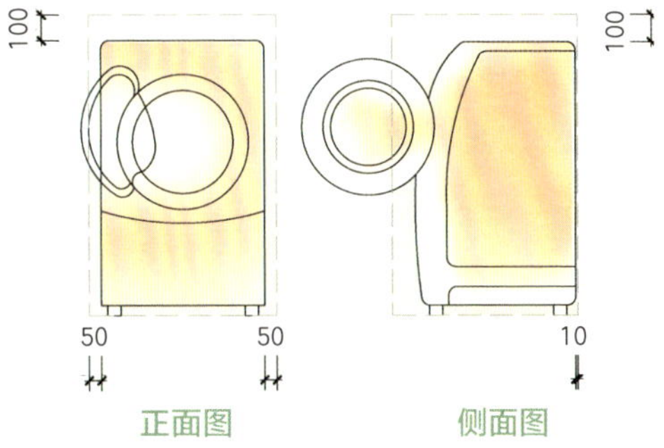

图 4-112　洗衣机嵌入式安装尺度分析二

3. 收纳设计分析

生活阳台的收纳空间主要聚集在家政柜中，根据生活阳台的空间条件，可以设计不同体量和功能分格的柜体，图 4-113~ 图 4-115 列举了 3 种类型的家政柜设计参考，实际应用时，可以根据实际需求做相应的改进。

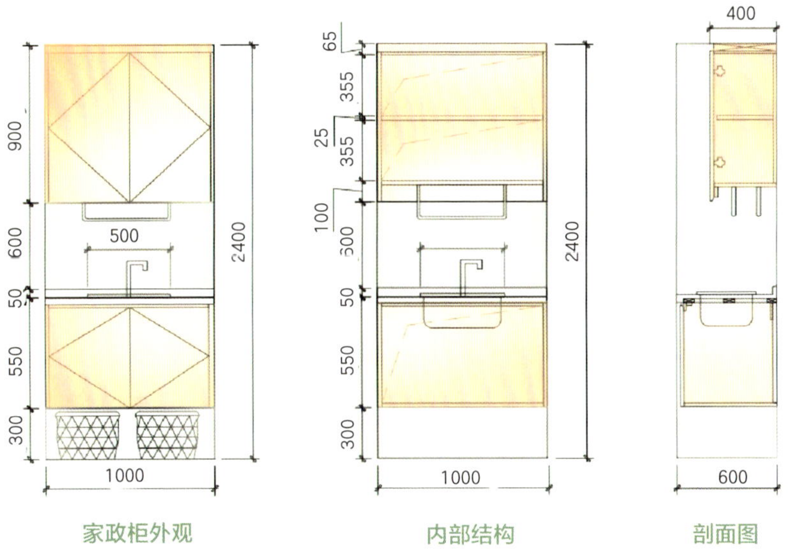

特点：这种类型的家政柜与洗衣机分开设置，保留了台盆功能，可以手洗衣物和洗涮抹布等，清洁用品和杂物可以收纳在地柜和吊柜中，台面上方还设置了挂杆以供挂晾抹布等，底部放空位置可以放置脏衣篓等。

图 4-113　家政柜收纳形式一

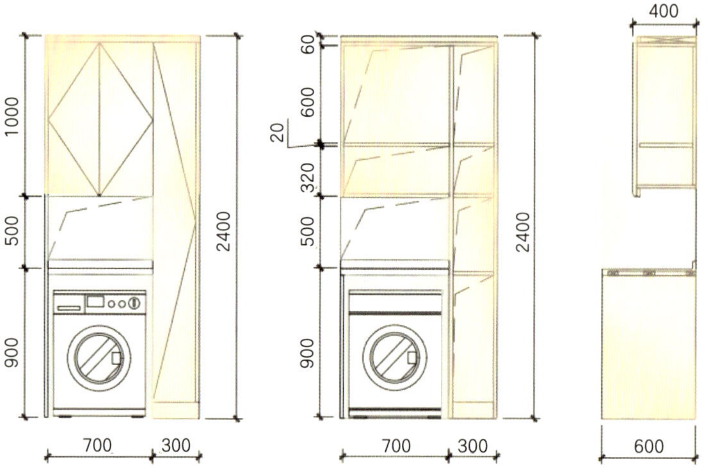

家政柜外观　　内部结构　　剖面图

特点：这种类型的家政柜与洗衣机结合，但没有台盆洗涮的功能，侧柜位置可以安装活动层板，既可以收纳清洁工具等较大物品，又能充分利用空间。

图 4-114　家政柜收纳形式二

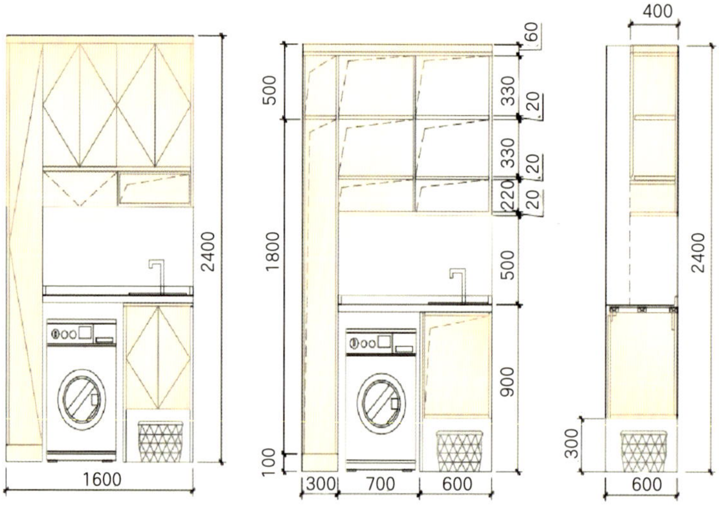

家政柜外观　　内部结构　　剖面图

特点：这种类型的家政柜与洗衣机、台盆等结合，功能更加齐全，柜体的分格也可以更加多元化，收纳功能更加强大，给居家生活提供更多便利性。

图 4-115　家政柜收纳形式三

4. 智能化设计

生活阳台的智能化设计较为简单，主要考虑实用性和安全性，特别对于开敞型的阳台空间，需要加入安全功能，表 4-14 列举了一些智能化设计要点。

表 4-14　生活阳台智能化设计要点

名称、功能及相关要点	设备图示
智能遮阳帘可电动拉伸，对于非封闭阳台或露台较为实用，可用于遮阳控温	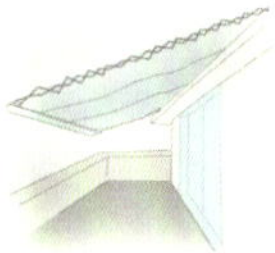
智能自动升降晾衣竿可以适应全家人的不同身高，还具备烘干和消毒的功能，让衣服在更短的时间内变干	
紧急安全报警按钮，遇到紧急情况可以一键报警	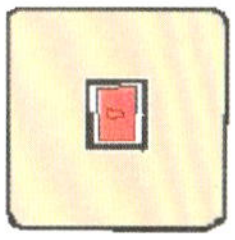
窗户附近安装吸顶式无线人体红外探头，可检测人体活动和非法入侵，以便及时报警	
无线监控摄像头，家人可以通过 APP 进行远程监控及对话	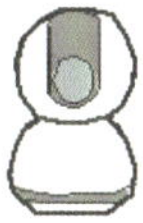
门磁报警器一般多用于监测门、窗、抽屉等可能涉及人身或贵重物品的安全保护机制，是否有被非法打开或移动	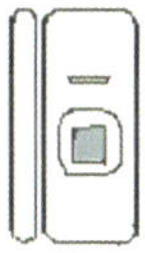

5. 人性化设计要点

无论是休闲阳台还是生活阳台，在设计过程中，都要充分考虑其是否合理，尽量避免不合理之处。人性化的设计可以提高居家生活的舒适性和便捷性，图 4-116 列举了阳台区域的相关人性化设计要点。

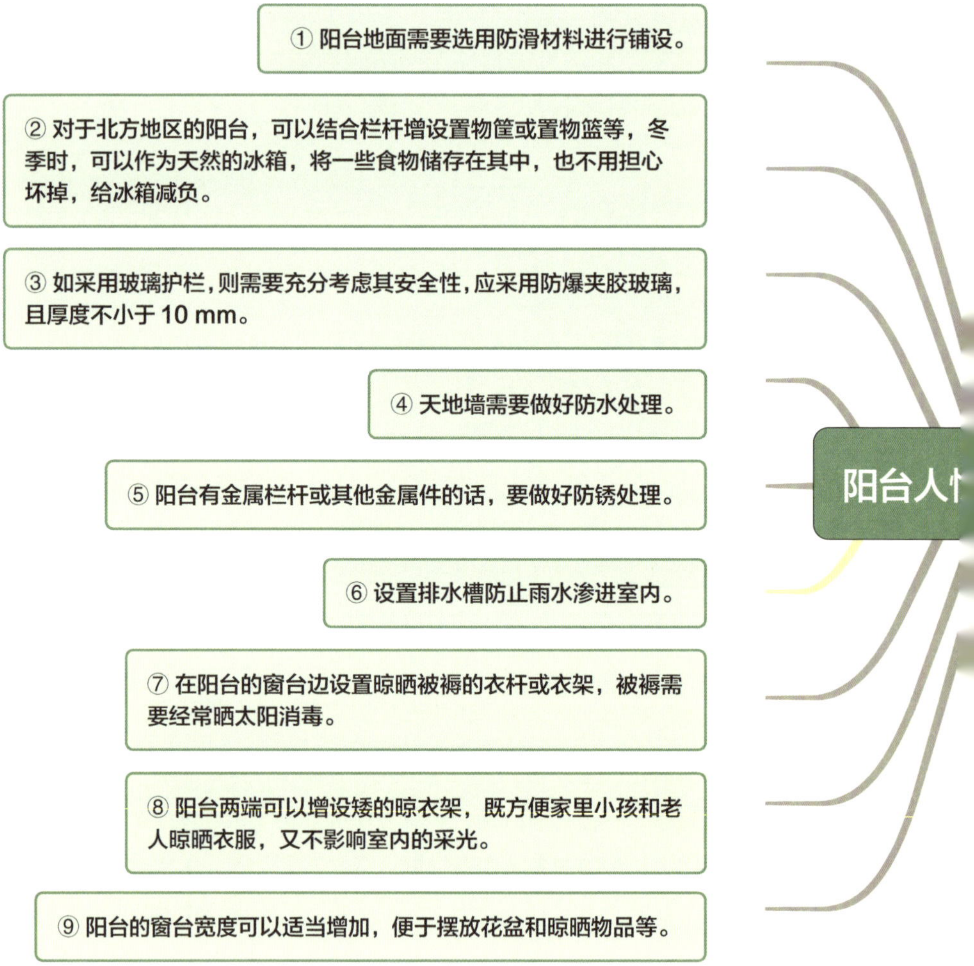

要点

⑩ 阳台开关、插座均需采用防溅面板，避免安全隐患。

⑪ 非封闭阳台需要考虑找坡问题，门槛处尽量减少高低差，通过叠级门槛的做法或者找坡加增设水篦子的形式，规避雨水等倒灌的风险，适老又适幼。

⑫ 阳台栏杆下方应设 100 mm 以上高的边梁，栏杆避免横向布设，防止幼儿攀爬，消除安全隐患。

⑬ 北方地区的阳台护栏宜设计成实体的形式。

⑭ 洗衣机置于窗下时，窗台高度不宜小于 1200 mm，以保证窗户的开启和给水管的设置。

⑮ 可以用无滑轨拉门和室外地面组合，消除室内和阳台之间的台阶。

⑯ 如果阳台空间较为局促，则可以设置一些折叠桌板。

⑰ 可设置一些矮柜，同时带有操作台面，方便收纳和整理东西。

⑱ 阳台进深应适当大一些，以 1500~1600 mm 为宜，方便养花、休闲、养宠物等。

图 4-116　阳台人性化设计要点分析

第5章 优秀案例展示与分析

案例1 100 m^2 双面居所

这套房子业主已经入住3年，设计师从户型优化、精细化考量、家的情感与氛围营造等多个维度，充分发掘和创造空间的价值。

户型介绍

室内面积约100 m^2，单面采光，局部功能受限，图5-1是户型改造前后的平面图。

图5-1 户型改造前后对比

项目信息介绍

设计公司：木本清源设计顾问（北京）有限公司

设计年份：2021年

项目地址：北京市朝阳区

设计主创：李鑫

落地团队：木本清源项目组

文图提供：木本清源

门厅、餐厨区

原户型入户后没有更换衣鞋、临时储物的功能，一旁是封闭式厨房，空间局促、自然采光弱，餐厅区域也较为局促，餐厨区缺乏互动性。图 5-2 是此区域改造前后的对比。

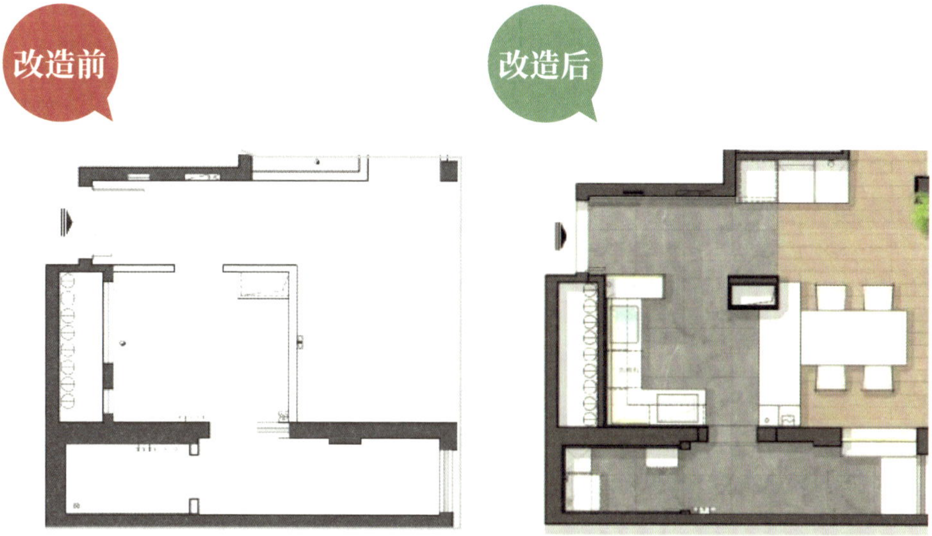

图 5-2　门厅、餐厨区改造前后对比

| 改造亮点 |

亮点一：完善门厅功能和家政功能，提升居家便利性。

亮点二：通过拆改部分墙体，创造出餐厨区之间的互动性，同时改善采光条件，丰富空间体验感。

门厅效果呈现

如图 5-3 所示，门厅区域完善了更换衣鞋、临时储物的功能，并优化了采光。

图 5-3　门厅区域效果呈现

如图 5-4 所示，将原餐厨区之间的隔墙拆改后，烟道采用质感较为独特的瓷砖饰面，并与岛台实现一体式设计，区域之间得以互动联通，采光、互动性、体验感均有所提升。

图 5-4　门厅、餐厨区域效果呈现

如图 5-5 所示，将原来封闭的厨房区域变成半开放的状态，便利性和体验感更佳。另外，橱柜的设计巧妙利用了高、中、低三个横向空间，使得收纳井然有序，操作也舒适便利。

图 5-5　厨房区域效果呈现

橱柜除了高、中、低区域的合理分配，还配置了抽屉、转角拉篮等收纳区，可以满足多种形式的收纳行为，简洁实用，如图 5-6 所示。

图 5-6　厨房区域细节

岛台区域的白色立柱将燃气管道、燃气表等隐藏起来，并有效利用上部空间，实现了精细化的收纳设计。在空间使用方面，没有造成不必要的浪费，操作也灵活方便，如图 5-7 所示。

图 5-7　厨房区域精细化要点解析

如图 5-8 所示，将岛台与餐厅相连接，操作台面更充裕，传菜也更方便。餐桌可伸缩，最长可延伸至 2 m，多人聚餐也不会觉得拥挤，在厨房烹饪美食时能听到客厅传来的电视播报或播放的音乐，也可与家人交谈、一起摆桌，实现温馨的互动。

图 5-8　餐厨区域效果呈现

客厅效果呈现

社区内楼间距较近，窗前未使用布帘或纱帘，而是选择了可调节开合角度的垂直百叶帘，这样既保证了私密性，又营造出温馨治愈感，如图 5-9 所示。

图 5-9　客厅区域效果呈现

次卧、过道区

次卧作为儿童房，可打造成多功能的灵活空间，将卧室门设计成可以完全藏进墙垛的多联推拉门。卧室在不使用的情况下，可以将空间完全打开，光线通过卧室照进过道及客卫处，空间的局促感也得以改善，如图 5-10 所示。

图 5-10　次卧及过道区域改造前后对比

| 改造亮点 |

亮点一：改善区域的采光和局促感。

亮点二：次卧作为多功能房，空间使用更灵活，提升空间价值。

过道效果呈现

如图 5-11 所示，关上移门，便是独立卧室。孩子可以在自己的房间里投屏观影、学习等。在孩子住校时，打开移门，就成了夫妻两人办公、阅读的书房。次卧仍是开放空间，有轻微的社交属性，能与身处客餐厅的家人交流。

图 5-11　过道区域效果呈现

如图 5-12 所示，卧室内设计了充足的收纳、展示和工作阅览的空间，靠窗处的书桌区还设置了底空，可以保证坐在此处时有放腿的空间，使用起来更加舒适。

图 5-12　次卧效果呈现

主卧区

如图 5-13 所示，主卧套卫属于暗卫，采光和通风存在一定问题，原户型也没有配置独立衣帽间。设计师重新分配套内空间，打造出一个 3 m^2 衣帽间，小巧但颇有仪式感。套卫改为干湿分离的三分式空间，在使用便利之余，又能将一定的光线巧妙引入套卫中。

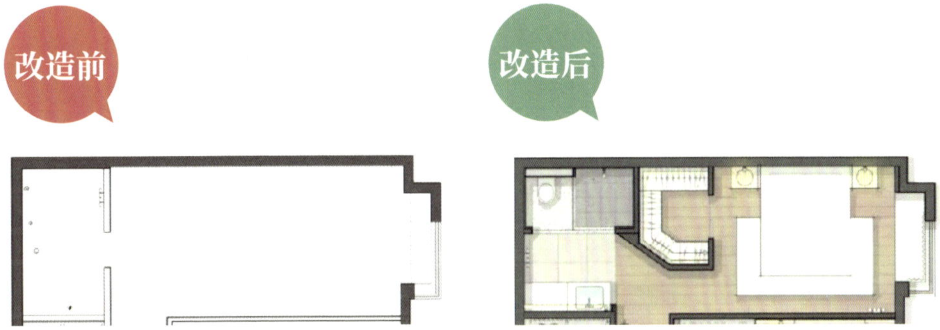

图 5-13　主卧改造前后对比

| 改造亮点 |

亮点一：重新分配空间，丰富卧室功能。

亮点二：套卫三分离设计，使用便利且舒适，空间利用率高，采光条件得以改善。

主卧效果呈现

卧室内简约宁静，采光佳，功能齐全，如图 5-14 所示。

图 5-14　主卧区域效果呈现

套卫效果呈现

如图 5-15 所示，套卫呈三分离设计，洗手台结合梳妆功能一体设计，如厕间与淋浴间使用单联两用推拉门，使用方式较灵活，同时显得简洁透气。如图 5-16 所示，展示出套卫三分离设计与整体室内空间布局关系。

图 5-15　套卫区域效果呈现

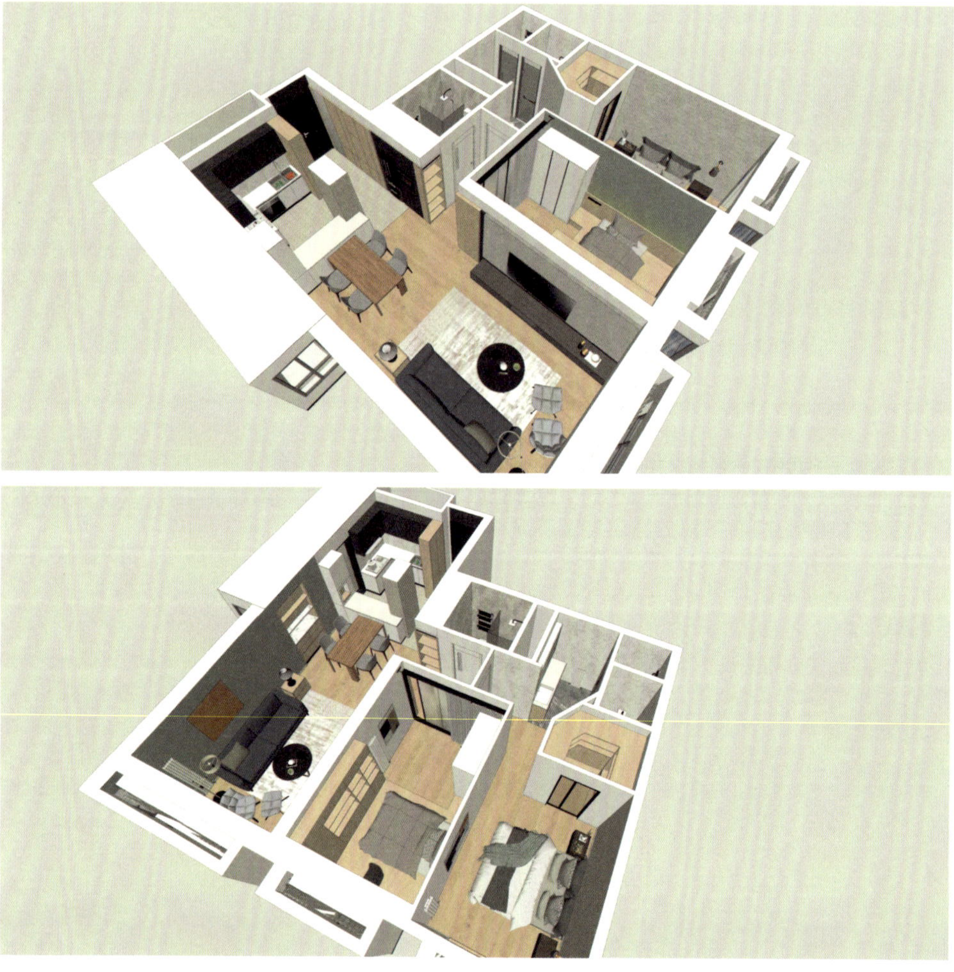

图 5-16　室内关系三维展示

案例 2　61 m^2 聚气小宅

这套房子建筑面积 61 m^2，室内面积只有 45 m^2，采光和通风条件不佳，空间颇为紧凑局促，是名副其实的老破小户型。设计师团队通过巧妙的构思，重新赋予这座居所新的生命力。

户型介绍

户型内部门厅、主卧、餐厨分隔为 3 个小空间，自然光被墙隔离于其外。设计师团队拆除了所有可拆墙体，将其从“老、破、小、堵”的空间变成“绿调小屋”。考虑到三口之家的成员结构，需改造出两间卧室，同时家人希望尽可能多地参与彼此生活，让小家实用性最大化……设计师在改造过程中提出了“睡眠舱式卧室”“LDK 一体的互动型起居”“柜体满足收纳的同时充当隔墙”的概念。图 5-17 是改造前后的户型对比。

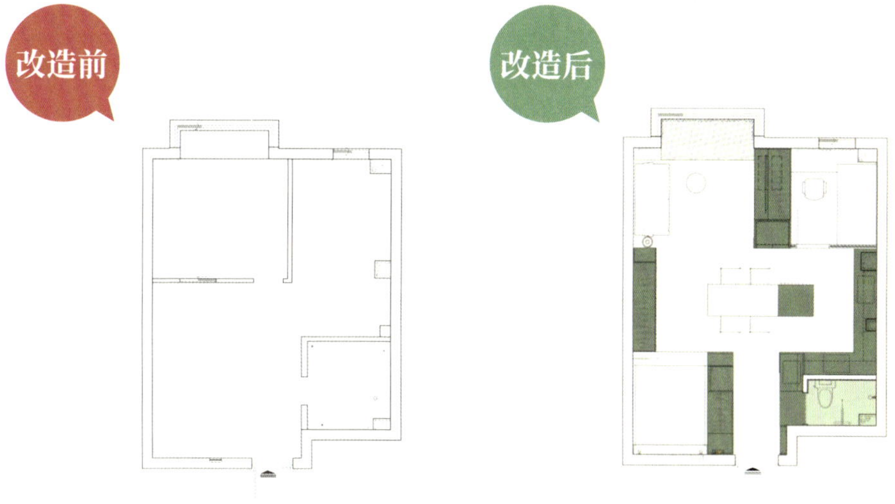

图 5-17　户型改造前后对比

项目信息介绍

设计公司：木本清源设计顾问（北京）有限公司
设计年份：2023 年
项目地址：北京市西城区
建筑面积：61 m^2

设计主创：李鑫
落地团队：木本清源项目组
文图提供：木本清源

餐厨区效果呈现

如图 5-18 所示，餐桌与岛台区是整个家庭的中心，既与开放式厨房相连，又与客厅相望，三个功能区合在一起，家居动线、光影流动都变得顺畅。业主索菲（Sophie）很喜欢坐在这儿，能看到所有空间，可以照顾家人活动。“最主要的是凝聚了我家的精气神。”Sophie 说。

图 5-18　餐厨区域效果呈现

业主对开放式厨房的使用感受极好：L 形橱柜与岛台配合，功能全，多人操作也不拥挤；家中使用大功率的抽油烟机；同时地板选择石晶材质，人字形顺时针 90° 拼贴，丝毫不被油烟、污水等困扰。整体空间彰显复古简洁之感，橱柜用灰绿色、墙面用蓝绿色马赛克砖、椅面用嫩绿色……深浅不同的绿色相互映衬。餐桌桌腿选用轻盈时尚的水波纹亚克力材质，营造视觉焦点，如图 5-19 所示。

图 5-19　餐厨区域效果呈现

橱柜背景的马赛克瓷砖，设计师计算好尺寸位置，提前预留好尺度，使得马赛克瓷砖可以按照原来的模数铺贴，保证了美观性；吊柜区域预留了烟道止逆阀的检修口，并与柜体一体打造，精致美观，如图 5-20 所示。

图 5-20　餐厨区域细节

客厅、卧室效果呈现

客厅这面窗，是业主决定买下这套房的关键。Sophie 笑着说：“初次看房，室内状态很差，我们的心凉了半截。但走到窗边一下子看到了国家大剧院和远方的白塔，就觉得困难是可以通过设计克服的！”设计团队加宽、加高了原有飘窗，将其改造成“榻榻米”的休憩区。小朋友有时会躺在这里打个盹，Sophie 则特意淘来了小茶桌，她享受欣赏窗外风景、呷一口茶的暖心时刻，如图 5-21 所示。

图 5-21　客厅区域效果呈现

客厅延续绿色主题，墙面使用具有“盛夏感”的深绿。自由组合度极高的“华夫饼”模块沙发可以多组随意布置，躺坐皆宜，如图 5-22 所示。

选沙发时，业主 Sophie 犹豫过搭配白色或米色，事实证明，同色系更自然整体。沙发的灵活形式搭配浓郁绿意，其迸发出的鲜活感令她着迷。

图 5-22　客厅沙发模块组合效果

为最大化提高空间利用率，用储物柜代替房间和客厅之间的隔墙，一面给公共空间使用，另一面则给女儿房使用，如图 5-23 所示。

图 5-23　储物柜两用效果展示

如图 5-24 所示，主卧以睡眠舱形式打造，藏在背靠背设计的门厅收纳柜与衣柜后方。晚间拉上墨绿色拉帘，睡眠区仿佛被包裹起来，温情私密；白天拉开拉帘，被自然光照亮，明亮温暖。地台是 Sophie 的又一处惊喜角落，既扩大了家中休息区的整体面积，又方便她坐在边沿休息时，腰部倚靠着床垫放松。

图 5-24　“睡眠舱”整体效果展示

“睡眠舱”外侧的白色衣柜作为主卧收纳功能的补充，如图 5-25 所示。

图 5-25　“睡眠舱”外收纳柜展示

床头柜看似干净简单，实则暗藏玄机：下方设有软包床头；最左侧胡桃木色柜板可以翻开，内部设有插座，还留有缝隙，能将数据线拉出来使用，如图 5-26 所示。

图 5-26　“睡眠舱”内部细节效果展示

门厅两侧的柜子，除了满足更衣换鞋的需求，还能兼顾家政功能。玄关柜空间规划十分合理，开放式收纳与封闭式收纳相结合，抽屉和层板相结合，为不同的收纳和操作提供了便利。家政柜内还隐藏了可供临时晾挂衣物的功能，使用起来更加灵活便利，如图 5-27 所示。

图 5-27　玄关家政柜效果展示

图 5-28　卫生间效果展示

如图 5-28 所示，卫生间在进门右手侧，把洗手台挪到了外面，实现了干湿分离的设计。无论是业主回家后洗手，还是早晚洗漱高峰同时使用，都较为便捷。干衣机、洗衣机叠放在对面的收纳柜中，为平时手洗衣物、二次洗涤烘干、挂置临时衣架提供了便利，能够就近、快速地解决家政问题。

案例 3　时代云来样板间

本案例位于广东广州。随着社会的发展，我们的生活方式和家庭结构都出现了新的变化，需要一种新的住宅产品去适应这种“潮流”。为打造温馨亲子空间，把原本三房两厅的格局设计成 LDKG 一体式空间，将厨房、餐厅、客厅、阳台打通串联，整体空间更宽阔。其中一个卧室改成多功能房，通过移动隔断的开合，与主卧形成互动，书房、学习空间随意切换，适应新的生活方式。

户型介绍

这个户型的建筑面积为 85 m^2，图 5-29 是平面布置图的分析。

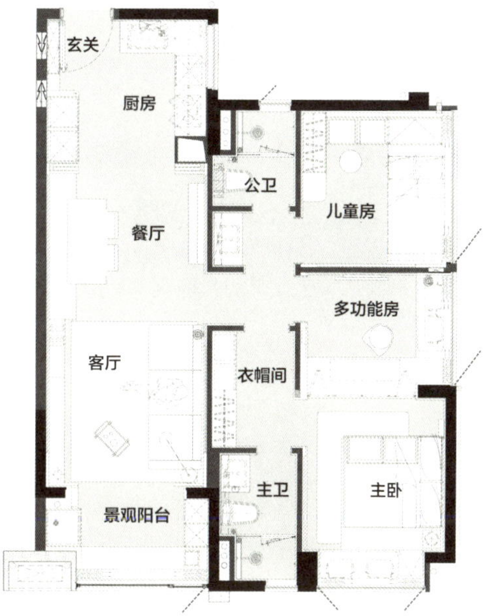

图 5-29　户型平面布置分析

项目信息介绍

设计团队：广州共生形态设计
项目类型：室内设计、软装设计
设计时间：2023 年 11 月
交付时间：2024 年 4 月
项目地点：广州
建筑面积：85 m^2

项目业主：时代中国
设计总监：彭征
主案设计：黄清华、高颖颖
设计团队成员：陈雪莹、李永华、朱国光
李露、朱云锋、朱文烽
图文提供：广州共生形态设计

LDKG 效果呈现

玄关与厨房空间互借，减弱了小户型空间的局促感，厨房与餐厅之间还设置了多联动的推拉门，可收可放的形式为日常居家提供了灵活性，如图 5-30 所示。

图 5-30　餐厨区域效果呈现

餐厅区域设置了多功能餐边柜，收纳和展示功能兼具，既能当作茶吧台使用，又能为厨房、餐厅提供辅助服务，如图 5-31 所示。

图 5-31　餐厅空间效果呈现

多区域空间完全打开后，采光、空气流通等条件得到了较大的提升，空间的互动交流功能也大大增强，如图 5-32 所示。

图 5-32　餐厅区域效果呈现

细节的设计十分考究，将实用与美观相结合，兼具人文气息和现代美学，如图 5-33 所示。

图 5-33　客厅区域效果呈现

LDKG 一体打造后，空间体验感区别于常规的同面积户型，更符合现代人的生活习惯和居住趋势，如图 5-34 所示。

图 5-34　客厅区域效果呈现

家居气氛温馨而和谐，呈现一种松弛感和治愈感，而该有的收纳、展示、休闲等功能，也在此空间中得到充分体现，如图 5-35 所示。

图 5-35　客厅与多功能房效果呈现

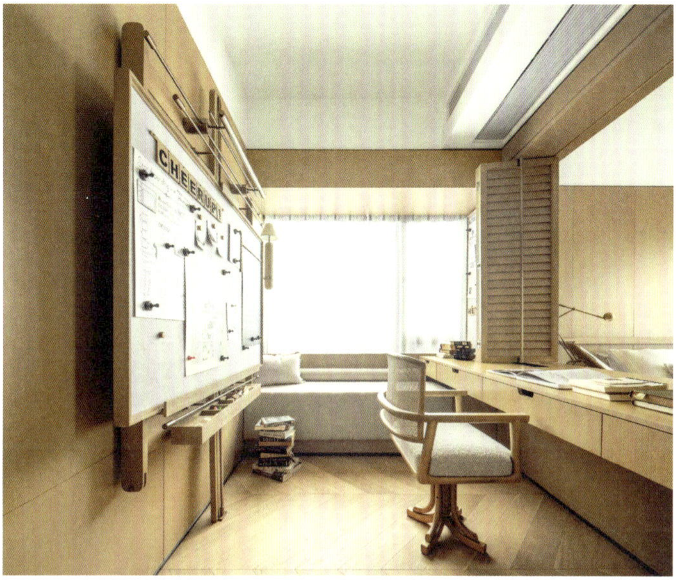

图 5-36　多功能房效果呈现

靠近主卧的卧室改成多功能房，满足多种场景的使用需求，不仅有亲子互动区还有书房、卧室等功能，如图 5-36 所示。移动隔断可收可放，使整个空间可以作为主卧功能的补充，避免了空间的一成不变。

如图 5-37 和图 5-38 所示，主卧内没有多余的修饰，虽简约温馨，却能利用细节刻画出空间的层次感。

图 5-37　多功能房与主卧关系

图 5-38　主卧内部效果呈现

儿童房充满童趣和玩味，榻榻米床提供了一定的收纳空间，如图 5-39 所示。书桌和榻榻米之间的咬合关系，打破了空间的沉闷刻板，同时使得每个功能模块得到一定的延伸。

图 5-39　儿童房效果呈现

3

第 3 部分

科技助力住宅空间精细化的探讨

第 6 章 科技与住宅设计结合的分析

基于目前科技趋势和行业动向，科技的整合不仅可以提高居住舒适度和便捷性，还可以增强住宅的安全性和环境的可持续性，并通过基础设施建设渗透到日常生活的各个方面。住宅空间将是一个充满高新技术和高度自动化的居住和生活场所，同时也是一个高效、舒适且环境友好的居住空间。以下，是对科技助力住宅发展的各方面探讨。

第 1 节 科技融合住宅设计的趋势

1. 住宅外观

垂直花园：每栋建筑都配备了垂直花园系统，墙面和阳台上布满植物，不仅美化环境，还有助于空气净化和城市降温，如图 6-1 所示。

图 6-1 住宅外观示意

2. 室内设计

全屋智能系统：整个住宅通过语音、手势控制以及智能穿戴设备可以连接到中央智能系统。居住者可以轻松控制照明、温度、娱乐等系统，智能系统还可以学习居住者的偏好，自动调整室内环境，如图 6-2 所示。

环境感知：室内装配有环境感知器，可监测空气质量、湿度和温度等，确保居住者的健康和舒适。

虚拟现实娱乐区：家庭娱乐室结合沉浸式虚拟现实技术，居住者可以在虚拟环境中旅行、学习甚至运动。

图 6-2　住宅室内空间示意

3. 入口与接待区

智能安全系统：融合人脸识别、虹膜扫描等生物识别技术，以及智能钥匙系统，确保安全性和个性化的使用体验，如图 6-3 所示。

机器人接待员：用于迎接来访者，提供信息咨询服务，并引导他们到达目的地。

图 6-3　入口与接待区示意

4. 客厅

智能环境调节：根据室内外环境和居住者偏好自动调整光线、温度和湿度，创造最舒适的居住环境。

全息影音系统：提供沉浸式的娱乐体验，可用于观影、游戏甚至模拟外部环境，让居住者拥有仿佛身临其境的体验，如图 6-4 和图 6-5 所示。

图 6-4　客厅示意 1

图 6-5　客厅示意 2

5. 厨房

智能食材管理：冰箱和储藏设备能够实时监控食材存量和保质期，自动下单补充缺货，甚至根据所存食材推荐食谱，如图 6-6 所示。

机器人厨师：能够根据居住者的口味和营养需求自动烹饪美味健康的餐点。

图 6-6　厨房示意

6. 卧室

智能睡眠系统：监测睡眠质量，调整床垫硬度和枕头高度，使用舒缓声音和灯光辅助入睡，如图6-7所示。

个人健康监测：卧室内置健康监测设备，比如可穿戴设备，夜间监测居住者的健康状况，并提供必要的健康建议或警报。

图6-7　卧室示意

7. 卫生间

智能卫浴：智能坐便器能够进行健康检测，智能浴缸可根据用户偏好自动调节水温和水位，浴室智能卫浴镜的显示屏可显示新闻、天气或健康数据，如图6-8所示。

图6-8　卫生间示意

8. 办公和学习空间

虚拟办公室：通过虚拟现实和增强现实技术，创建一个可以远程协作的沉浸式办公环境，减少实际出行的需要，如图 6-9 所示。

智能助理：集成 AI 助手，可用于日程管理、信息搜索、实时翻译等，提高工作和学习效率。

图 6-9　办公和学习空间示意

第 2 节　生活场景的畅想

随着高新科技的发展，在智能化住宅中，生活场景将变得前所未有的便捷和舒适，以下对未来生活的一天中的模拟场景进行畅想。

清晨，智能床垫缓缓调整角度，帮助你从深睡眠状态平稳过渡到清醒。天花板的全息投影显示出今天的天气和重要日程。起床后，智能衣柜根据天气和行程推荐合适的服装，如图 6-10 所示。

图 6-10　清晨场景示意

走进厨房，已经预设好的早餐菜单在智能显示屏上等待确认。待确认后，厨房内的机器人开始忙碌起来，自动从冰箱取出所需食材，开始烹饪健康美味的早餐，如图 6-11 所示。与此同时，咖啡机已经根据你的偏好准备好了咖啡。

图 6-11　备餐场景示意

吃完早餐，到达办公室后，桌面的全息投影设备已准备好，让你可以沉浸在一个虚拟协作的空间中。儿童的学习空间可以根据学习内容自动调整环境，增强学习体验和效果，如图 6-12 所示。

图 6-12　办公和学习空间示意

下班回家，智能家居系统已经根据你的到家时间预热了晚餐，调整好室内温度。在一天结束时，卫生间的智能系统为你准备了舒缓的热水浴，浴室镜子中的全息投影播放瑜伽动作指导。进入卧室，智能睡眠系统根据你一天的活动和生理数据调整床垫和枕头，以确保你获得最佳的睡眠体验，如图 6-13 所示。

图 6-13　卧室场景示意

整个住宅不仅在便利性和舒适性方面进行了革新，还在安全和维护方面加入了科技元素，如图 6-14 所示。智能监控系统 24 小时运行，通过 AI 分析，确保家庭安全无虞。

这样的未来生活场景，将科技与日常生活紧密结合，不仅极大地提高了生活品质，还有助于家庭生活更安全、环保和高效。

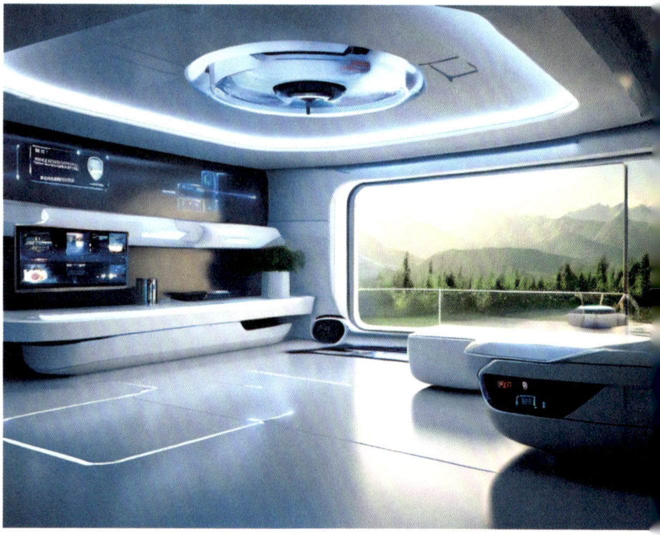

图 6-14　家庭安全与维护示意

后记

本书从“精细化”这一角度出发，深入探讨了住宅设计中的多个维度，从传统设计理念到现代科技应用，力图构建一个全面、前瞻的设计体系。精细化设计是对空间的精准布局与巧妙利用，更是对人性化需求、环保理念、智能技术等多方面因素的综合考量。在撰写这本书的过程中，我深感住宅设计不但是空间的构建，而且是社会与科技相结合的产物，涉及的层面复杂且广泛。

随着智能家居、物联网、人工智能、5G、绿色建筑等技术的快速发展，现代住宅设计已经进入了一个技术密集型的阶段。在这场技术革命的浪潮中，如何在精细化的设计中巧妙地融合这些技术，既满足人们对舒适生活的需求，又不失对生态环境的保护，已成为设计师们面临的一大挑战。然而，技术的进步并不是万能的，科技与人文的结合，才是住宅设计未来发展的真正方向。

展望未来，住宅设计的方向将愈加注重“人本主义”与“科技融合”相结合。随着人们对生活品质的追求要求住宅设计必须更加高效、智能、灵活，能够适应不断变化的居住需求。设计师们更需要注重科技背后的社会责任，不能单纯依赖技术的力量，而要将技术与人类需求、生态保护、社会责任紧密结合。设计的精细化，不光是对空间的精雕细琢，还是对环境与社会责任的深刻理解与担当。

作为一名设计师，我希望本书不仅能为读者提供有关精细化住宅设计的实践指导，还能激发大家对未来住宅设计的思考。住宅不但是建筑的叠加，而且是人与空间、人与人、人与自然之间深刻联系的体现。

最后，衷心感谢所有在本书创作过程中给予我支持与帮助的老师和朋友们，正是你们的鼓励与支持，让这本书得以顺利完成。我也希望本书能够成为设计师、建筑师、学生乃至所有对住宅设计充满兴趣的读者的一份有价值的参考，能够帮助大家更好地理解和掌握住宅精细化设计的理念与方法，并在未来的设计实践中，创造出更多与时代和人类需求相契合的人居环境设计。

陈盛君

2025 年 5 月于深圳